聞かせて、弦理論

時空・ブレーン・世界の端

聞かせて、弦理論

時空・ブレーン・世界の端

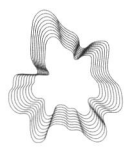

スティーブン・S・ガブサー

吉田三知世 訳

岩波書店

THE LITTLE BOOK OF STRING THEORY
by Steven S. Gubser

Copyright © 2010 by Steven S. Gubser

First published 2010 by Princeton University Press,
Princeton, New Jersey.

This Japanese edition published 2010
by Iwanami Shoten, Publishers, Tokyo
by arrangement with Princeton University Press, Princeton,
through The English Agency (Japan), Tokyo.
All rights reserved.
No part of this book may be reproduced or transmitted in
any form or by any means, electronic or mechanical,
including photocopying, recording or
by any information storage and retrieval system,
without permission in writing from the Publisher.

目　次

プロローグ　　　　　　　　　　　1
第1章　エネルギー　　　　　　　13
第2章　量子力学　　　　　　　　22
第3章　重力とブラックホール　　40
第4章　弦理論　　　　　　　　　58
第5章　ブレーン　　　　　　　　81
第6章　弦の双対性　　　　　　116
第7章　超対称性とLHC　　　　138
第8章　重イオンと第5の次元　　165
エピローグ　　　　　　　　　　187
訳者あとがき　　　　　　　　　191
索　引　　　　　　　　　　　　197

父に捧ぐ

プロローグ

　弦理論はミステリーだ。弦理論は万物の理論かもしれないと期待されている。だが、まだ実験でそうと確かめられたわけではない。しかも、すこぶる難解だ。従来から知られていた４次元を越えた余剰次元、量子揺らぎ、そしてブラックホールまで登場する。どうして、世界の真の姿がそんなものであるといえるのか？物事はすべて、もっと単純なはずではないか？

　弦理論はミステリーだ。弦理論に取り組む者たち（わたしもその一人である）も、自分は弦理論を理解してはいないと認めざるを得ない。しかし計算するたびに、予想もしていなかった、美しくて、しかも互いに関連性のある結果が次々と出てくる。弦理論を研究していると、必然性を感じずにはいられない。「世界は、このようになっている以外にありえないじゃないか？」「これほど深い真実が現実(リアリティー)と結びついていないはずがないじゃないか？」

　弦理論はミステリーだ。すでに工業的にも応用されている超伝導をはじめ、とても面白い分野は他にもたくさんあるのに、大勢の才能ある大学院生が、弦理論の魅力に惹かれてやってくる。科学分野としては異例なほど、メディアの注目も集めている。それと同時に、弦理論の影響が広がるのを嘆き、弦理論の成果など経験科学には何のかかわりもないとないがしろにし、声高に弦理論をけなす人も多い。

平たく言ってしまえば、すべての物質を作っている最も基本的なものは、粒子ではなく弦だというのが弦理論の主張である。弦は小さな輪ゴムのようなもので、とても細くて強い。実は電子も、現在の最先端の加速器をもってしても探ることができないほど微小な長さの世界で、振動したり回転したりしている弦だと考えられている。弦理論にはいくつか種類があるが、その1つは、電子は弦が閉じて輪になったものだと主張している。他の種類の弦理論は、電子は弦の切片で、2つの端を持っているという。
　ここで、弦理論発展の歴史をざっと見てみることにしよう。
　弦理論は、逆向きの手順で作られた理論だと言われることが多い。逆向きとはこういうことだ。まずはじめ、弦理論の断片がいくつかあって、それらを使うといろいろな問題がうまく解決できたが、その結果が持つ深い意味は誰も理解していなかった。1968年、弦が互いに反発しあう様子を描いた美しい方程式が初めて登場した。この方程式が提案されたとき、これが弦に関係しているとは誰も知らなかった。だが、これが数学の面白いところだ。深い意味などわからなくとも、方程式を操作し、確認し、そして拡張できることは珍しくない。この方程式の場合は、その後実際に深い意味が理解され、その一環として、弦理論には一般相対性理論が述べている、まさにそのとおりのかたちの重力が含まれているという洞察も得られたのだった。
　1970年代を通して、そして80年代のはじめ、弦理論はほとんど忘れ去られようとしていた。というのも、弦理論は、核力を説明するという、構築されたそもそもの目的をまったく果たしていないように思われたからだ。弦理論は量子力学を組み込んではいたが、アノマリー（異常性）と呼ばれる微妙な矛盾をはらんでいるらしかった。アノマリーの一例に、「ニュートリノ

にそっくりだが、電荷を持っている粒子が存在するならば、ある種の重力場は自然に電荷を生み出す」というものがある。これはよろしくない。というのも、量子力学では、宇宙の中では電子のような負の電荷と陽子のような正の電荷が厳密に同じ量だけ存在して、バランスが取れていなければならないからだ。そのため、1984年に、アノマリーが含まれない弦理論が存在することが示されたときは皆胸をなでおろした。このとき以来弦理論は、宇宙を記述しうる理論の有力な候補と見なされるようになった。

　この、技巧的な操作のおかげで出てきたとしか思えない結果が歓迎されて、「第一次超弦理論革命」が始まった。この時期、熱狂的な活動によって劇的な前進が遂げられたが、弦理論が掲げていた、万物の理論を作り出すという目標は達成されなかった。わたしは、この革命のさなかに子ども時代を過ごし、弦理論研究の中心地のひとつだったアスペン物理学センターの近くで暮らしていた。「はたして超伝導大型加速器（スーパーコンダクティング・スーパー・コライダー）で超弦理論（スーパーストリング・セオリー）が検証されるのだろうか」などと人々が言い交わしているのを耳にして、いったい何がそんなにスーパーなんだろうと訝しく思ったのを覚えている。この超弦（スーパーストリング）とは、超対称性（スーパーシンメトリー）という特別な性質を持った弦だ。では、超対称性とはいったいどういうことなのだろう？このあと本書でもっとはっきり説明するが、ここでは、弦理論のほんの一部にしかならないが、そのごく断片的な特徴を2つだけ挙げておこう。1つめ：超対称性はスピンが異なる粒子同士を関係づける。粒子のスピンは、独楽の回転のようなものだが、独楽と違って粒子はスピンを止めることはできない。そして2つめ：超対称性を含む弦理論は、弦理論の中でわたしたちが一番よく理解しているものである。超対称性を含まない弦理論では26次元が必要に

なるのに対し、超対称性を含む弦理論なら10次元で済む。もちろん、わたしたちには空間の3次元と時間の1次元しか感じられないのだから、10次元でもそれより6つも次元が多いというのは認めねばならない。弦理論を現実世界の理論にするための仕事のひとつが、これらの余剰次元をなんとか片づけるか、あるいはそれに立派な役割があるのを見つけてやることなのだ。

その後80年代が終わるまで、弦理論研究者たちは万物の理論を明らかにしようと熾烈な競争を繰り広げた。だが、彼らは弦理論を十分に理解することはできなかった。やがて、話は弦だけでは終わらないことがわかった。弦理論では、いくつかの次元に広がる、「ブレーン」というものも必要になるのである。一番単純なブレーンは膜（メンブレーン）だ。膜（メンブレーン）は、太鼓の皮のように2つの空間次元に広がっている。膜（メンブレーン）の表面は振動することができる。また、3ブレーンというものもあって、こちらはわたしたちが経験している3つの空間次元に広がっており、弦理論で要求される余剰次元の中で振動することができる。さらに、4ブレーン、5ブレーンなどが存在し、最も次元が大きいのが9ブレーンである。こうもたくさんものが出てくると、とても頭に入りきらないという気がするが、これらのブレーンをすべて含めないと、弦理論は理に適ったものにならないと考えざるを得ない、確固たる理由がたくさんある。それらの理由のいくつかは、「弦の双対性（そうついせい）」に関係している。双対性とは、見たところまったく違う対象物、あるいは、一見まったく異なる2つの見方の間に、ある関係が存在することを指して言う言葉である。一番簡単な例はチェス盤だ。黒い正方形がたくさん描かれた赤い板というのが1つの見方。そして、赤い正方形がたくさん描かれた黒い板という、もう1つの見方がある。どちらの見方も、適切に述べられれば、チェス盤はどのように見えるかを

記述するのに十分である。両者は違ってはいるが、赤と黒を入れ替えるという操作のもとに関係づけられている。

　1990年代中ごろには、弦の双対性とブレーンの役割が理解されるようになり、これを足がかりに第二次超弦理論革命が起こった。このときもやはり、この新たな理解を組み込んで、万物の理論の骨格となる理論を構築しようとする努力がなされた。ここで「万物」とは、わたしたちが理解しており、また、検証もしてきた基礎物理学のすべての側面をさす。重力は基礎物理学の要素であり、電磁気力と核力もそうだ。すべての原子の構成単位である電子、陽子、中性子などの素粒子も、基礎物理学の要素である。弦理論を構築することによって、わたしたちが知っているすべての、大まかな輪郭が捉え直されるはずだということはわかっているのだが、まともに使いものになる理論が完成するのを阻む問題点がしつこく残っている。同時に、弦理論について知れば知るほど、それ以上にわからないことがあることに気づくというありさまだ。第三次超弦理論革命が必要だと思えるほどである。だが、第三次超弦理論革命はまだ起こっていない。弦理論研究者たちは、そんな完全な超弦理論を構築するのはあきらめて、現在実施されている実験や近い将来実施される実験について、現状で達しているレベルの理解の範囲で弦理論が予測できる断片的な事柄を述べてよしとしようとしている。この線に沿った取り組みのうち、最も精力的に進められているものの1つが、陽子や重イオンの衝突実験の結果に弦理論を結びつけようとする努力だ。このような結びつきは、超対称性、余剰次元、あるいはブラックホール地平面の概念との関連において、もしくは、これら3つすべてを加味することによって確証されるだろうと、わたしたちは期待している。

　さて、弦理論の歴史を追って現在までたどり着いたので、少

しページを割いて、今わたしが触れた2種類の衝突について考えてみよう。

　ジュネーブ近郊に建造された大型ハドロン衝突型加速器（Large Hadron Collider, 略称LHC）という巨大実験施設のおかげで、まもなく、高エネルギー実験物理学における最も重要な実験として、陽子の衝突実験に注目が集まるはずだ。LHCは、逆向きに回転する2本のビームとして陽子を加速し、光速に近い速度で衝突させる。このような衝突はカオス的で制御不可能だ。そこで実験者たちは、極端に重く不安定な粒子が生じるという稀な出来事がこの衝突で起こっていないだろうかという点に着目して、この現象を調べようとしている。そのような重い粒子の1つに、ヒッグス粒子という、まだ仮説でしかない粒子がある。ヒッグス粒子は、電子の質量をもたらしていると考えられている粒子だ。超対称性は他にもたくさんの粒子を予測しており、それらの粒子が発見されたなら、弦理論は正しいレールの上を走っているという確かな証拠となるだろう。また、陽子と陽子の衝突で小さなブラックホールが生じ、それが崩壊するのが観察される可能性もわずかながらある。

　重イオン衝突では、金もしくは鉛の原子から電子をすべて剥ぎ取り、陽子‐陽子衝突と同じ装置の外周を光速近い速度で周回させる。重イオン同士の衝突は、陽子同士の衝突よりもさらにカオス的だ。そのとき陽子と中性子は、構成要素のクォークとグルーオンにまで分解してしまうと考えられている。ばらばらになったクォークとグルーオンは、流体となり、膨張しながら冷えてゆき、やがて元の粒子のかたちに落ち着いて、それが検出器で観察される。この流体は、クォーク‐グルーオン・プラズマと呼ばれている。これが弦理論と結びついていると言われるのは、クォーク‐グルーオン・プラズマとブラックホール

の間に類似性があるからだ。奇妙なことに、クォーク‐グルーオン・プラズマと双対である可能性のあるブラックホールは、わたしたちが日々経験している4次元ではなくて、5次元の湾曲した時空の中に存在する。

　弦理論が現実世界に結びついているということは、まだ推測の域を出ないという点を強調しておいたほうがいいだろう。超対称性は現実世界にはまったく存在しないのかもしれない。LHCで作り出されたクォーク‐グルーオン・プラズマは、実は5次元ブラックホールのようには振舞わないのかもしれないのだ。しかしともかくもエキサイティングなことは、弦理論研究者たちも、他の物理分野の理論家たちも、「こうに違いない」という何がしかの予想を立てて、果たして実験で得られる発見がそれを証明するのか、それとも打ち砕くのか、固唾を呑んで見守っている、ということだ。

　本書は、最近の弦理論の中核にあるいくつかの考え方がどのように展開しているかを紹介し、その一環として加速器物理学への応用の可能性にも触れる。弦理論は、量子力学と相対性理論という2つの基盤の上に立っている。弦理論はこれらの基盤からさまざまな方向に広がっており、それらの方向のごく一部だけでも、十分詳しく紹介するのは難しい。本書で扱われている話題は、弦理論全体を、ある断面で切ったときに見える姿として描いており、しかも、どの話題でも、数学が主役を演ずる部分にはほとんど触れていない。話題の選択にしても、わたしの好みや偏見が表れており、ときにはわたしがその話題をよく理解していないせいで説明が不十分になってしまっていることもあるかもしれない。

　本書を執筆するにあたって行ったもう1つの選択が、物理学について論じるようにして、物理学者については論じないとい

うものだ。つまり、本書では、弦理論とは何かを読者のみなさんに全力を尽くして説明するが、弦理論を作り上げるのに貢献した人々については説明しない（ただし、わたし自身はそんな貢献はしていないということだけは、今ここで申し上げておこう）。ある考え方の誕生に誰が貢献したのかを正確に述べるのがいかに難しいかを納得していただくために、まず、「相対性理論を明らかにしたのは誰でしょうか？」とみなさんにお尋ねしよう。「アルベルト・アインシュタインですよね？」とお答えになるだろう。その通り。しかし、アインシュタイン一人の名前で答えを終えるなら、多くを見過ごしてしまうことになる。ヘンドリク・ローレンツとアンリ・ポアンカレは、アインシュタインに先立って価値ある研究をしている。ヘルマン・ミンコフスキーはきわめて重要な数学的枠組みをもたらした。ダフィット・ヒルベルトはアインシュタインとはまったく別に、独自に一般相対性理論の主要な構成要素を構築した。さらに、ジェームズ・クラーク・マクスウェル、ジョージ・フィッツジェラルド、ジョゼフ・ラーモアなど、言及すべきアインシュタイン以前の重要人物や、ジョン・ホイーラーやスブラマニアン・チャンドラセカールなど、アインシュタイン以降に登場した先駆者たちも何人かいる。量子力学の発展については、アインシュタインのように、他のすべてに抜きん出て大きな貢献をした一人の人間などおらず、これよりも相当複雑である。一人の巨人というのではなくて、さまざまな個性を持った者たちが集まった興味深いグループがあったというべきだろう。そのメンバーは、マックス・プランク、アインシュタイン、アーネスト・ラザフォード、ニールス・ボーア、ルイ・ド・ブロイ、ヴォルフガング・パウリ、パスクアル・ヨルダン、そしてジョン・フォン・ノイマンなどで、それぞれが見過ごせない貢献を行っており、

また、しばしば意見を異にして対立したこともよく知られているとおりだ。弦理論を形作っている途方もなく広い範囲にわたるさまざまな考え方のそれぞれに、その提唱者を正しく挙げようとするなど、なおさら無謀なことだろう。そんなことを試みるなら、弦理論の考え方そのものをお伝えするという、わたしの一番の目標からかえって逸れてしまいそうだ。

　本書のはじめの3つの章は、弦理論を理解するには重要だが、厳密に言えば弦理論に含まれてはいない概念や考え方を紹介する。エネルギー、量子力学、そして一般相対性理論がそれに当たるが、これらの考え方は、（今のところ）弦理論そのものよりも重要である。というのも、弦理論とは違い、これらのものは現実世界を記述していることがわかっているからだ。したがって、弦理論を導入する第4章では、未知の世界へ一歩踏み出すことになる。第4、5、6章では、弦理論、Dブレーン、そして弦の双対性を、理に適っており、十分な熱意をもって提案されたものと見ていただけるように、できる限り努力したつもりだが、これらの考え方は、現実世界を記述するものとは未だ確証されていない。第7章と第8章では、弦理論と高エネルギー粒子衝突実験の結果との関係を確立しようという最近の取り組みに焦点を当てている。超対称性、弦の双対性、そして5次元のブラックホール、これらはすべて、粒子加速器の中で今何が起こっており、この先何が起こるかを理解しようという弦理論研究者たちの取り組みの中で大きな役割を演じている。

　本書のあちらこちらで、核分裂で解放されるエネルギーの大きさや、オリンピックの短距離走者が経験する時間の遅れがどれくらいになるかなど、物理的な量を表す数値が引用されている。数値を挙げる理由のひとつは、物理学は物の大きさを数値で表現したものが問題になる、量を重視する科学だということ

にある。だがその一方で、物理学者が通常最も関心を持っているのは、ある物理量がだいたいどのくらいなのかという、近似的な大きさや、数値で表したとき何桁になるのかという「オーダー」だ。したがって本書でも、たとえば「オリンピックの短距離走者が経験する時間の遅れは約 10^{15} 分の 1 だ」という言い方をしているが、これは実のところ、もっと厳密な計算では、走者の速さを 10 m/秒 とすると、1.8×10^{15} 分の 1 という数値である。本書で紹介しているさまざまな計算を、もっと厳密で明確な、あるいは、拡張されたかたちで見たいとおっしゃる読者の方々は、次のウェブサイトをご覧いただきたい。http://press.princeton.edu/titles/9133.html.

　弦理論はこの先どこへ向かおうとしているのだろう？弦理論は、重力と量子力学を統一し、また自然界のすべての力を統一する理論を提供すると約束している。さらに、時間、空間、そしてまだ発見されていない余剰次元について、新たな理解をもたらすとも約束している。はてには、ブラックホールとクォーク‐グルーオン・プラズマのような、まったくかけ離れているとしか思えない事柄同士を結びつけるとも約束している。まさに、弦理論はたくさんのことを「約束する」、「前途有望な」理論である！

　いったい弦理論研究者たちは、弦理論における約束をどうやって果たすことができるのだろう？実のところ、これまでにもかなりの約束が果たされている。弦理論は、量子力学に始まり一般相対性理論に終わるエレガントな一連の論理を、実際に提供しているのだ。この論理の骨格を、第 4 章でご説明することにしよう。弦理論は、こうすれば自然界のすべての力を説明できるだろうという図式を、暫定的なものながら実際に提供している。この図式の概要を第 7 章で説明し、さらにこれをもっと

厳密なものにするために今後解決されねばならない困難な問題をいくつか紹介しよう。そして第8章でお話しするように、弦理論の計算と重イオン衝突実験のデータとの突き合わせはすでに始まっているのである。

　本書で弦理論に関する何らかの議論を解決しようなどとはわたしは毛頭思っていないが、論争の大部分は視点の違いによるものだという見解はあえて述べさせていただくつもりだ。弦理論から何か注目すべき結果が出てきたとしたら、弦理論の支持者は、「それはすばらしい！だが、これこれのことができたなら、もっといいのになあ」と言うだろう。一方、弦理論に批判的な人は、「それは情けない！彼らがこれこれのことを成し遂げていたなら、わたしも感心しただろうに」と言うだろう。つまるところ、支持者も批判者も（少なくとも、両陣営の中でも真剣で十分知識を持っている人たちは）、事実認識の点ではそれほど隔たっていないのだ。基礎物理学には深い謎がいくつもあるということについては、誰もが同意している。弦理論がそれらの謎を解くのに真剣な取り組みを行っているということにも、ほとんどすべての人が同意している。そして、弦理論の約束の多くはまだこれから果たされねばならないということについても、間違いなく同意が得られるはずである。

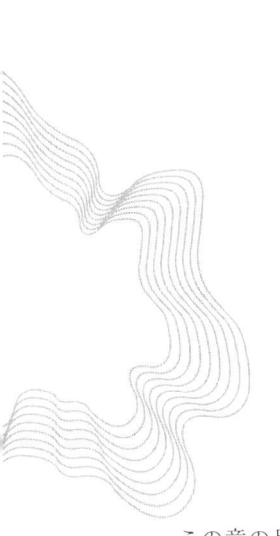

第1章

エネルギー

　この章の目的は、物理学で一番有名な方程式、$E=mc^2$ を紹介することである。この式は原子力や原子爆弾の根底をなしている。この式によれば、1ポンド（453.592 g）の物質を完全にエネルギーに変換したなら、100万軒のアメリカ家庭で1年間電灯を燈し続けられることになる。$E=mc^2$ はまた、弦理論のかなりの範囲に対して、その基盤を提供している。とりわけ、このあと第4章で論じるように、「振動する弦の質量がその振動エネルギーの分だけ大きくなる」のはこの式に従ってのことだ。

　$E=mc^2$ という式が奇妙なのは、この式が、普段わたしたちが関係しているなどとはまったく思っていないもの同士を関係づけているからである。E は、たとえばあなたが毎月電力会社に料金を支払っている、キロワット時で量られる電力のようなエネルギーを表している。m は、小麦粉500 g というような質量を表している。c は光の速度で、299,792,458 m 毎秒、あるいは（約）186,282 マイル毎秒である。したがって、まずは、長さ、質量、時間、速度など、物理学者たちが「有次元量」と呼ぶものを理解しなければならない。その後あらためて、$E=mc^2$ という式に戻ることにしよう。途中、メートル(m)やキログラム(kg)などのメートル法の単位、科学で大きな数を表記す

る方法、そして、原子核物理学について初歩的な話を少しする。弦理論とはどのようなものかを把握するのに原子核物理学を理解する必要はないが、原子核物理学は $E=mc^2$ を議論するための背景を提供してくれる。第8章で、いま一度原子核物理学に話題を戻し、最近の原子核物理学が見せているさまざまな側面を、弦理論を使うことによってよりよく理解しようとする取り組みについて説明することにしよう。

長さ、質量、時間、速度

　すべての有次元量の中で最もわかりやすいのが長さだ。定規で測るのが長さである。ほとんどの物理学者がメートル法の単位系を使うべきだと主張しているので、わたしもこれからそうしたい。1 m は約 39.37 インチである。1 km は 1000 m で、約 0.6214 マイルだ。

　物理学者たちは、時間は他の空間次元とは少し違う特別な次元だと考えている。わたしたちは、空間の3つの次元と、時間の1つの次元という合計4つの次元を知覚する。時間は空間とは違う。空間の中では好きな方向に動くことができるが、時間を逆向きに辿ることはできない。実のところ、時間の中ではほんとうの意味で「動く」ことなどできないのである。人間が何をしようが、毎秒毎秒、時間は容赦なく過ぎてゆく。少なくとも、わたしたちは日々そのように経験している。だが実際には、話はそれほど単純ではない。あなたがものすごい速さで円を描いて走り、友だちがじっと立ったままそれを見ているとすると、あなたが経験する時間は、友だちが経験する時間よりもゆっくりと進む。あなたも友だちも、それぞれストップウォッチを持っているなら、あなたのストップウォッチは友だちのに比べて短い時間しか経過していないと表示しているだろう。これが

「時間の遅れ」と呼ばれる効果だが、実際には、あなたが走る速さが光速に近づかないかぎり、この効果はあまりに小さくて感じられない。

　質量は物質の量の尺度である。わたしたちは普段、質量は重さと同じだと考えているが、それは間違っている。重さは引力に関係がある。宇宙に行ったとすると、あなたの重さはなくなってしまうが、あなたの質量は変わらない。普通の物体の質量の大部分は陽子と中性子から来ており、そしてこの他に、ほんのわずかだが電子から来る分がある。普通の物体の質量がいくらだと言うことは、基本的にはその物体の中に何個の核子があるかを述べるのと同じことだ。核子とは、陽子と中性子をまとめて呼ぶ名前である。わたしの質量は約75キログラムだ。これを核子の個数で表すなら、きりのいい数字に切り上げると、約50,000,000,000,000,000,000,000,000,000個に相当する。これほど大きな数を間違えずにしっかり把握しつづけるのは難しい。桁数があまりに多く、桁を数えるのも一苦労だ。そこで、科学的記数法と呼ばれるものが使われ、今わたしがやったように桁を全部書き出す代わりに、「わたしの中には約$5×10^{28}$個の核子があります」と言う。28は、5の後にゼロが28個続いているという意味だ。もう少し練習してみよう。100万は$1×10^6$、あるいはもっと簡単に、10^6とだけ書けばいい。アメリカの国家債務は現在約10,000,000,000,000ドルだが、これを簡単に10^{13}ドルと書き表すことができる。わたしの体内にある核子の数と同じだけの枚数、10セント硬貨を持てたらどんなにいいだろう……。

　さて、物理学の有次元量の話に戻ろう。速度は長さと時間の換算係数だ。あなたは毎秒10ｍの速度で走ることができるとしよう。これは、人間としてはかなり速い——もとい、ものす

ごく速い。10秒で100 m進めることになる。このタイムなら、オリンピックに出て、優勝こそしないが、そこそこいいところまで行けるはずだ。あなたが毎秒10 mの速度をいつまでも維持できると仮定しよう。1 km進むにはどれだけの時間がかかるだろうか？答えを導き出してみよう。1 kmは100 mの10倍だ。あなたは100 mを10秒きっかりで走りきることができる。ならば、1 kmは100秒で走れることになる。1マイルなら161秒、つまり、2分41秒で走れるはずだ。実際には、そんなに長い間10 m/秒の速度を保つことは人間には不可能で、そんなことは誰にもできっこない。

　だが、ここではあえて、あなたにはそれができると仮定しよう。そんな速度で走っているときあなたには、先ほどお話しした時間の遅れが感じられるだろうか？実のところ、そんなものはとても感じられないのである。あなたが2分41秒間必死に走っている間、あなたの時間はほんの少しだけ進みが遅くなるが、その割合は、たったの約10^{15}分の1（つまり、1,000,000,000,000,000分の1、あるいは1000兆分の1）でしかない。大きな効果を得るためには、これよりもっとずっと速く運動しなければならない。現代の加速器でぐるぐると周回している粒子は、著しい時間の遅れを経験する。これらの粒子の時間は、静止している陽子の約100倍もゆっくり進む。正確にどれだけ遅くなるかは、粒子加速器によって異なる。

　光速は、日常的に使う換算係数としては、あまりに大きく使いにくい。光は約0.1秒で地球の赤道をぐるりと1周する。アメリカ人がインドにいる誰かと電話で会話するのにほとんど時間のずれを感じずに済むのも、ひとつには光がこんなに速いおかげだ。ほんとうに大きな距離について考えるとき、光はもっと役に立つ。月までの距離は光が約1.3秒の間に進む距離と等

しく、「月は地球から 1.3 光秒離れている」と言うことができる。太陽までの距離は約 500 光秒である。

　1 光年は、なおいっそう大きな距離だ。これは、光が 1 年間に進む距離である。天の川銀河の直径は約 10 万光年だ。わたしたちの知っている宇宙の直径は約 140 億光年で、これは約 1.3×10^{26} m に相当する。

$E=mc^2$

　$E=mc^2$ という方程式は、質量とエネルギーの換算を示している。つい今しがた論じた時間と距離の換算係数と、多くの点で同じようにはたらく。しかし、エネルギーとはいったい何なのだろう？エネルギーには実にさまざまな形のものがあるので、この問いには簡単には答えられない。運動はエネルギーだ。電気もエネルギーである。熱もエネルギーだし、光もエネルギーだ。これらのものはすべて、他のエネルギーに変換できる。たとえば、電球は電気エネルギーを熱と光に変換し、発電機は運動を電気に変換する。物理学の基本法則の 1 つに、エネルギーの形は変わることがあっても、総エネルギーは保存されるというものがある。この法則を意味あるものにするには、互いに変換可能なさまざまな形のエネルギーを定量的に表現する方法が必要だ。

　まずは、運動のエネルギーから始めるのがいいだろう。「運動エネルギー」と呼ばれるものである。換算式は、$K=\frac{1}{2}mv^2$ だ。ここで、K は運動エネルギー、m は質量、v は速度である。ここでふたたび、あなたはオリンピックの短距離走者だと想像してみよう。途方もない身体的努力によって、あなたは $v=10$ m 毎秒という速度で走ることができる。しかし、光速に比べればこれははるかに遅い。その結果、あなたの運動エネルギ

ーは $E=mc^2$ のエネルギー E よりもはるかに小さい。さて、これは何を意味しているのだろう？

　$E=mc^2$ は「静止エネルギー」を表しているということを理解すれば、問題はわかりやすくなる。静止エネルギーとは、物質が運動していないとき、その内部にあるエネルギーのことである。あなたが走っているとき、あなたは自分の静止質量の一部を運動エネルギーに変換している。実のところ、それはものすごく小さな一部だ。大ざっぱに言って、たったの 10^{15} 分の1である。あなたが走るときに経験する時間の遅れも 10^{15} 分の1だったが、それと同じ数字が出てきたのは偶然ではない。特殊相対性理論には、時間の遅れと運動エネルギーの間に成り立つ厳密な関係が含まれているのだ。それによれば、たとえば、エネルギーが2倍になるほど速く運動している物体では、時間の進みは静止しているときの半分になる。

　これほど大きな静止エネルギーが体の中にあるのに、最善の努力を尽くしてもたったの 10^{15} 分の1というほんの一部しか引き出せないとは悔しい限りだ。物質の静止エネルギーをもっとたくさん引き出すにはいったいどうすればいいだろう？わたしたちが知っている最善の答えは、原子エネルギーを使うことだ。

　原子エネルギーについてのわたしたちの理解は、$E=mc^2$ を直接の基礎としている。手短に概要をご説明しよう。原子核は陽子と中性子でできている。水素の原子核は、陽子1個だけからなる。ヘリウムの原子核は、2個の陽子と2個の中性子が固く結合しあったものでできている。ここで固く結合しているというのは、ヘリウムの原子核を分割するにはエネルギーがたくさん必要だという意味だ。中には、分割しやすい原子核もある。その一例がウラン235だが、これは陽子92個と中性子143個

でできている。たとえば、ウラン 235 の原子核 1 個に中性子を 1 個ぶつけると、原子核はクリプトン原子核 1 個、バリウム原子核 1 個、中性子 3 個、そしてエネルギーに分割される。これは核分裂の一例だが、この反応は、次のように簡潔に表すことができる。

$$U + n \to Kr + Ba + 3n + エネルギー$$

ここで、U はウラン 235、Kr はクリプトン、Ba はバリウム、そして n は中性子を表している。(ついでながら、ウラン 235 だということをはっきり断るのを忘れないよう、わたしは常々気をつけている。というのもウランには、238 個の核子からなっており、ウラン 235 よりももっと数多く存在していてもっと分割しにくい、ウラン 238 というものもあるからだ。)

$E = mc^2$ を使えば、この核分裂反応で解放されるエネルギーの量を、この反応に関与するすべての粒子の質量から計算することができる。すなわち、この反応では原材料(ウラン 235 原子核 1 個と中性子 1 個)のほうが生成物(クリプトン原子核 1 個、バリウム原子核 1 個、そして中性子 3 個)よりも、陽子 1 個の質量の約 5 分の 1 だけ重いので、このわずかな量の質量を $E = mc^2$ に代入すると、解放されたエネルギーの大きさが特定できるのだ。陽子の質量の 5 分の 1 というのは、相当わずかなものだろうという気がするが、実際ウラン 235 原子の質量の 1% の、そのまた 10 分の 1 である——つまり、1000 分の 1 だ。したがって、解放されたエネルギーは、ウラン 235 原子核の静止エネルギーの約 1000 分の 1 である。こう言われると、たいした大きさのエネルギーではないと思われるかもしれないが、オリンピックの短距離走者が運動エネルギーとして引き出せる静止エネルギーに比べれば、約 1 兆倍にもなるのである。

ところで、核分裂で解放されたエネルギーがどこから来たのかはまだ説明していなかった。核子の個数は変わらず、分裂の前も後も236個だ。しかし、原材料のほうが生成物よりも重かった。だとすると、質量は基本的には核子の数で決まるという規則があったが、これはその重大な例外だということになる。鍵となるのは、クリプトンやバリウムの原子核の中では、ウラン235の原子核の中でよりも、核子たちが固く結びつけられているという点だ。結合がより堅固だということは、それだけ質量が小さいということである。ゆるく結合しているウラン235の原子核は、少しだけ質量を多く持っており、それをエネルギーとして解放しようと待ち構えているのだ。要するにこういうことである。「核分裂では、陽子と中性子が、以前よりほんの少しだけ詰まった配置に落ち着くのに伴って、その分のエネルギーが解放される」。

　現代原子核物理学の課題の1つは、ウラン235のような重い原子核が、今ご説明したばかりの核分裂反応よりもはるかに激しい反応を経験するとき、何が起こるかを明らかにすることだ。本書では説明しないが、ある理由があって、実験家たちはウランよりも金を使って研究したがる。金の原子核が2個、光速に近い速度で衝突させられると、2個の原子核は徹底的に破壊され、ほとんどすべての核子がばらばらになる。第8章で、このような反応によって生じる高温で高密度な物質の状態について、もっと詳しく説明する。

　まとめるとこうなる。光速は既知の定数なので、$E=mc^2$は、「ある物体の内部にある静止エネルギーの大きさはその質量だけで決まる」と述べている。この静止エネルギーは、他のほとんどすべてのかたちの物質からよりも、ウラン235からのほうが簡単に引き出せる。しかし、根本的で重要なのは、静止エネ

ルギーはあらゆるかたちの物質——岩、空気、水、木、そして人間など——の中に存在しているということである。

　量子力学に進む前に、少し立ち止まって、$E=mc^2$ をもっと広い科学思想の背景の中に位置づけてみよう。この方程式は、運動が時間や空間の測定にどのような影響を及ぼすかについての理論である、特殊相対性理論に含まれている。特殊相対性理論は一般相対性理論に含まれているが、一般相対性理論の中には重力や湾曲した時空も含まれている。弦理論は一般相対性理論と量子力学を両方とも包含するものだ。したがって、弦理論にはこの $E=mc^2$ という関係も含まれているのである。弦、ブレーン、そしてブラックホール、これらすべてがこの関係に従う。たとえば、第5章では、ブレーンの質量には、そのブレーンの熱エネルギーに由来する成分が含まれていることを説明する。$E=mc^2$ が弦理論から導き出されるというのは正しくない。しかしこの式は、弦理論の数学的枠組みが持つ他のさまざまな側面と、密接不可分と思えるほどよく調和しているのである。

第2章

量子力学

　わたしは、物理学の学士号を取った後、ケンブリッジ大学で1年間過ごし、数学と物理学を学んだ。緑の芝生と灰色の空のケンブリッジは、上流階級の学びの場としての歴史の重みがずっしりと感じられる場所だ。わたしは、約500年の歴史を誇るセント・ジョンズ・カレッジの一員だった。ファースト・コート——このカレッジでも最も古い建物の1つ——の上階に置かれていた素晴らしいピアノを弾かせてもらったことは、特に記憶に残っている。弾かせてもらった曲の1つに、ショパンの幻想即興曲があった。この曲の主部は、3対4のクロス・リズムが延々と続いている。右手も左手も一定のテンポで弾くのだが、左手で音符を3つ演奏する間に右手では4つ演奏するのである。両手の旋律が合わさると、霊妙で流れるような独特の音となる。

　とても美しい曲だ。そしてこの曲は、わたしに量子力学のことを考えさせる。その理由を説明するために、量子力学の概念をいくつかご紹介することにしよう。ただし、完全に説明し尽くすのはよして、それらの概念が組み合わされて、幻想即興曲のような音楽を思い起こさせる構造がどのようにできあがるのかを説明してみることにする。量子力学では、あらゆる運動が可能だが、その中に優先的に起こる運動がある。これらの優先

的に起こる運動は量子状態と呼ばれ、決まった振動数を持っている。振動数とは、何かが1秒間に循環したり繰り返したりする回数のことだ。幻想即興曲では、右手のパターンは高い振動数を、そして左手のパターンは低い振動数を持っており、両者の比は4対3になっている。量子系では、循環しているのは音の場合よりももっと抽象的なものだ。専門用語では、それは波動関数の位相と呼ばれている。波動関数の位相は、時計の秒針のようなものと考えればいい。秒針は、1分間に1回の速さでぐるぐると回転している。位相もこれと同じように、ただしもっと速い振動数で循環し続けている。この速い循環が量子系のエネルギーをどのように特徴づけているのかについては、後で詳しくご説明する。

　水素原子のような単純な量子系は、互いに単純な比をなす振動数をたくさん持っている。たとえば、ある量子状態の位相は、もうひとつの量子状態の位相が4回循環する間に9回循環するというような関係になっている。幻想即興曲の右4左3のクロス・リズムとよく似ているではないか。しかし、量子力学の振動数は普通もっと速い。水素原子の例で言うと、典型的な振動数は毎秒10^{15}振動、もしくは、10^{15}サイクルという速さだ。たしかに、右手が毎秒約12の音を演奏する幻想即興曲に比べれば恐ろしく速い。

　リズムの面白さは、幻想即興曲の最大の魅力ではない——少なくとも、わたしが弾けるよりもっと上手に演奏されたときはそうだ。メランコリックな低音部の上をメロディーが流れていく。音が、滲んだ色のように混ざり合って駆け抜ける。1つの和音がゆっくりと別の和音へと変化してゆき、主旋律がほとんど脈絡もなく次々と飛び移るのと対照をなしている。精妙な右4左3のリズムは、ショパンの曲の中でもとりわけ印象的な作

品のひとつであるこの曲の、背景をなしている。量子力学もこれに似ている。量子力学の根底にあるのは、きっちり決まった振動数で特徴づけられる多数の飛び飛びの量子状態がなす、ばらばらな「粒状性」なのだが、この粒状性は尺度がもっと大きくなると、色とりどりの入り組んだ世界として現れ、それをわたしたちが経験しているのだ。これらの量子振動数は、この世界に消えることのない印を残す。たとえば、街灯のオレンジ色の光は、ナトリウム原子のある特定のクロス・リズムに関係する、ある特定の振動数を持っている。この光の振動数こそが、光をオレンジ色に輝かせているのである。

　このあと本章では、不確定性原理、水素原子、そして光子という、量子力学の3つの側面に注目する。その過程でわたしたちは、振動数と密接に関連し、あらたに量子力学の衣をまとったエネルギーに出くわすだろう。このような、振動数と深い関わりを持つ量子力学の側面を理解するには、音楽との類似性に着目するのがいい。しかし次のセクションでは、それほどたやすく日々の経験になぞらえられない重要な概念が、量子力学にはたくさん含まれていることを見ていこう。

不確定性

　量子力学の要石(かなめいし)の1つが、不確定性原理である。これは、ある粒子の位置と運動量を同時に測定することは絶対にできないという原理だ。だが、この言い方はあまりに単純化しすぎているので、もっときちんと説明してみたい。位置の測定には、どんなときでもある程度の不確かさが伴うはずで、その不確かさを $\varDelta x$(「デルタ・エックス」と読む)と呼ぼう。たとえば、1本の材木の大きさを巻尺で測るとき、注意深く測れば、普通は1インチの32分の1以内の狂いにおさめることができる。メート

ル法で言えば、1 mm より少し短い長さだ。このような測定に対して、$\mathit{\Delta}x ≈ 1$ mm、つまり、「デルタ・エックス(不確定性)は約1 mm である」という。ギリシア文字 $\mathit{\Delta}$ が使われていて仰々しい感じがするが、述べていることは単純だ。大工なら相棒に向かって、「ジム、この板の長さは1 mm の狂いの範囲内で2 m だよ」と叫ぶかもしれない。(もちろん、わたしはヨーロッパの大工の話をしている。アメリカの人々は、フィートとインチを使うほうが好きだということはわたしも知っているので。) この大工が意味しているのは、板の長さは、$\mathit{\Delta}x ≈ 1$ mm の誤差で $x =$ 2 m だということである。

　運動量は日常の経験からもよく知られているが、運動量を正しく理解するには、衝突を考えるといい。2つの物体が正面衝突して、2つともその衝撃で完全に静止してしまうなら、これら2つの物体は、衝突前に同じ大きさの運動量を持っていたことになる。衝突の後も、一方の物体が、速度は落ちてはいるものの元と同じ向きに運動し続けているなら、そちらの物体のほうが大きな運動量を持っていたことになる。質量 m から運動量 p への変換式は、$p = mv$ である。しかし、細かい点についてはまだ気にしないことにしよう。大切なのは、運動量は測定可能なものであり、その測定にはある程度の不確定性があるということだ。この不確定性を $\mathit{\Delta}p$ と呼ぼう。

　不確定性原理によれば、$\mathit{\Delta}p × \mathit{\Delta}x ≧ h/4\pi$ である。ここで、h はプランク定数と呼ばれる量で、$\pi = 3.14159……$ は、円の直径に対する円周の比として親しまれている数だ。わたしはこの式を、「デルタ p かけるデルタ x は、h 割る4パイ以上である」と読む。あるいは、「ある粒子の運動量と位置の不確定性の積は、プランク定数を4パイで割ったものよりも小さくなることはない」と読んでもかまわない。ここまで来ると、わたし

が不確定性原理について最初に述べた言葉が単純化のし過ぎだったことがみなさんにもおわかりいただけるだろう。位置と運動量を同時に測定することはできないわけではないが、これら2つの量の不確定性は、$\Delta p \times \Delta x \geq h/4\pi$ の方程式で許される以上に小さくなることは決してない。

不確定性原理の1つの応用例を考えてみよう。大きさが Δx の罠に粒子を1個捕らえることを考える。その粒子がこの罠の中に入っているとしたら、その位置は Δx の不確定性でわかっていることになる。このとき不確定性原理は、捕らえられた粒子の運動量をある限界以上に厳密に知ることはできないと主張する。定量的に述べれば、運動量の不確定性 Δp は、不等式 $\Delta p \times \Delta x \geq h/4\pi$ が満足されるのに十分なほど大きくなければならない。次のセクションで見るが、原子はこの一例となるような振舞いを示す。典型的な Δx は、あなたが手に持てる物よりもはるかに小さいので、これ以上日常的な例を挙げるのは難しい。その理由は、プランク定数が数値としてきわめて小さいことにある。このあと、光子について論じる際にふたたびこの同じ問題に直面するが、そのときプランク定数の実際の数値をご紹介しよう。

不確定性原理を説明するには、位置と運動量の測定について論じるのが普通だ。しかしこの原理は、そんな説明よりももっと深い意味を持っている。この原理は、位置や運動量が何を意味するかについての本質的な制約なのだ。つきつめれば、位置も運動量も数ではない。位置と運動量は、演算子と呼ばれる複雑なものだ。ここでは、演算子とは、厳密に構築された数学的な対象物で、数よりははるかに複雑なものと述べるにとどめ、それ以上の説明は差し控えよう。不確定性原理は、数と演算子の違いから生まれる原理なのだ。Δx という量は、たんなる測

定の不確かさではない。これは、粒子の位置そのものが持つ、それ以上小さくできない不確定性なのである。不確定性原理が捉えているのは、知識の欠如ではなくて、原子より小さな世界が持つ本質的な曖昧さなのだ。

原　子

　原子は、原子核とその周囲を運動する電子で構成されている。すでに述べたように、原子核は陽子と中性子でできている。最初に扱うべき最も単純な原子は、原子核が陽子ただ1個からなり、その周囲を運動する電子もたった1個しかない水素だ。原子1個の大きさはだいたい 10^{-10} m ほどで、別の単位で言い表せばこれは1オングストロームである。（1オングストロームが 10^{-10} m ということは、1 m が 10^{10} オングストローム、すなわち100億オングストロームということだ。）原子核の大きさは、これより1万倍ほど小さい。原子の直径は約1オングストロームだというとき、それは、電子は原子核からこれ以上遠く離れることはあまりないということを意味している。瞬間ごとに電子が原子核のどちら側にあるかを言うことは不可能なので、電子の位置の不確定性 $\mathit{\Delta} x$ は約1オングストロームとなる。すると不確定性原理から、電子の運動量には、$\mathit{\Delta} p \times \mathit{\Delta} x \geq h/4\pi$ を満たすような $\mathit{\Delta} p$ という不確定性があることになる。これはいったいどういうことかというと、水素原子の中にある電子は、ある平均速度を持っている——光速の約100分の1である——が、その運動の向きは瞬間瞬間に変化し、本質的に不確かだということだ。このように運動の向きが不確かなため、電子の運動量の不確定性は、本質的には電子の運動量そのものなのである。つまり、水素原子の全体像は、次のようなものとして説明される。電子は原子核に引き寄せられて捕らえられているが、量子力学によ

ると、電子がこの捕らえられた状況で静止していることは許されない。したがって電子は、量子力学の数学が記述するのに従って、絶えず動き回る。この絶え間ない動きこそが、水素原子の大きさを決めているのだ。もしも電子が静止することを許されたなら、電子は原子核に引きつけられて、原子核の中で静止するだろう。だとすると、物質そのものが崩壊して原子核の密度にまで収縮してしまうだろう。これはすこぶる都合の悪い状況だ！こう考えると、量子力学の要請によって電子が動き回っているのは、実にありがたいことである。

　水素原子内の電子は、位置も運動量も不確定だが、エネルギーは厳密に決まっていて、なおかつ取りうるエネルギーはいくつもある。物理学者たちはこの状況を、電子のエネルギーは「量子化されている」と言い表す。これは、電子は、一組の厳密に決まった可能性の中から自らが取るエネルギーを選択せねばならないという意味だ。この奇妙な事態を正しく理解するために、さきに運動エネルギーの説明で挙げた日常的な例に戻ろう。先ほどわたしたちは、運動エネルギーの換算式、$K = \frac{1}{2}mv^2$ について学んだ。ここでは、これを自動車にあてはめるとしよう。自動車に供給するガソリンをどんどん増やしていくと、自動車は望みどおりの速度 v を出して走る。しかし、自動車のエネルギーが量子化されているなら、そういうわけにはいかなくなるのだ。たとえば、時速10マイル、15マイル、25マイルで走らせることはできても、時速11マイル、12マイル、12.5マイルでは走らせられなくなる。

　水素の電子のエネルギー準位が量子化されていることはまた、音楽とのアナロジーを思い起こさせもする。音楽とのアナロジーは、少し前にも1つ持ち出した。ショパンの幻想即興曲のクロス・リズムだ。一定のリズムは、それ自体が1つの振動数だ。

水素の量子化されたエネルギー準位の1つひとつは、異なる振動数に対応する。電子は、これらのエネルギー準位の中から、どれか1つを選びとることができる。そのような選択をした電子は、メトロノームのように、きっちり決まった1つのリズムを持っているとも言えよう。しかし電子は、半ばある1つのエネルギー準位にあって、同時に半ばもう1つのエネルギー準位にあるという選択をすることもできる。これが「重ね合わせ」と呼ばれる状態だ。幻想即興曲は、右手が奏でる1つのリズムと、左手が奏でるもう1つのリズムの「重ね合わせ」である。

　ここまで、原子内部の電子について、位置と運動量は量子力学的に不確定だが、量子化された厳密なエネルギーを持っていると説明してきた。しかし、位置と運動量は決定できないのに、エネルギーは厳密な値に固定されていなければならないなんて、奇妙ではないだろうか？ どうしてこんなことが起こるのかを理解するために、少し回り道をして、もう1つ音楽を使ったアナロジーを考えてみることにしよう。ピアノの弦を1本思い浮かべてほしい。ピアノの弦は弾かれると、ある決まった振動数、つまり、ある高さの音で振動する。たとえば、中央ハ（ピアノの中央にあるドの音）のすぐ上にあるイ（階名では「ラ」）の音は、1秒間に440回振動する。物理学者たちは、振動数をヘルツという単位（記号では Hz）で表すことが多いが、1ヘルツは、1秒間に1周期分の動き、あるいは、1つの振動が起こることを意味する。したがって、中央ハの上のイは、振動数が 440 Hz である。これは幻想即興曲に比べるとかなり速い。覚えておられると思うが、幻想即興曲では、右手が1秒間に約 12 の音符を弾いていたので、振動数は 12 Hz だったのだから。ところが、イの音の振動にしても、水素原子の振動数に比べればはるかに遅いのだ。もっとも実を言えば、弦の振動は、たっ

た1つの振動などという単純な構造をしてはいない。振動数が高い倍音がいくつも重なっているのだ。これらの倍音が、ピアノの特徴的な音を生み出しているのである。

　このような話は、水素原子内の電子の量子力学的運動とはかけ離れていると思われるかもしれない。しかし実際には、密接な関係がある。水素内の電子の最低エネルギーは、ピアノの弦の基本振動数、中央ハの上のイなら440 Hzのようなものだ。あえて極端に単純化すると、エネルギー最低の状態（訳注：「基底状態」と呼ばれている）にある電子の振動数は約 3×10^{15} Hz である。電子が取りうる他のエネルギーは、ピアノの弦の倍音にあたるものと言えよう。

　ピアノの弦に生じる波も、水素原子内の量子力学的な運動も、定常波の例である。定常波とは、波形がまったく移動しないように見える波だ。ピアノの弦は両端が固定されているので、振動はその長さの中に閉じ込められている。水素原子内の電子の量子力学的な運動は、直径1オングストロームそこそこの範囲内という、それよりはるかに小さな空間に閉じ込められている。量子力学の数学の背後にある最も重要な考え方は、電子を波として扱おうというものだ。ピアノの弦の基本振動数のように、電子の波が1つの明確に決まった振動数を持つとき、その電子は1つのはっきり決まったエネルギーを持っている。ところが、電子の位置のほうは、はっきり決まった数となることは決してない。というのも、その電子を記述する波は、ピアノの弦が振動するとき、弦全体が同時に振動しているのと同じように、原子内部の至るところに同時に存在しているからだ。電子について言えるのは、それは常に原子核から1オングストローム以内のところにあるということだけである。

　電子は波によって記述されると知って、あなたは、「それは

1Å=10⁻¹⁰m

電子

陽子

古典的な水素原子

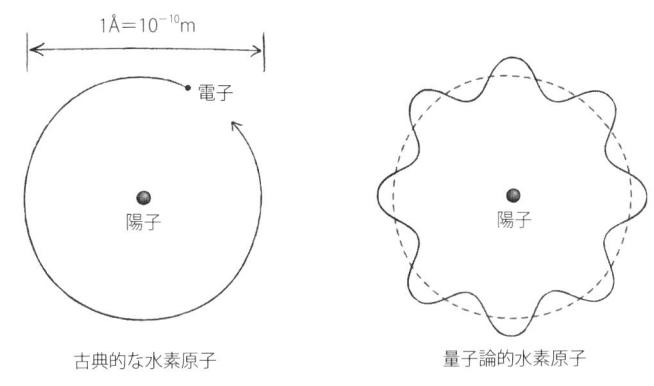

陽子

量子論的水素原子

左：古典的な水素原子の描像。1個の電子が1個の陽子の周りを軌道に沿って回っている。右：定常波によって表現した量子論的描像。電子は、はっきり定まった軌道に沿って運動するものとしてではなく、定常波として表されている。明確に決まった位置には存在しないが、明確に決まったエネルギーを持っている。

何に生じている波なのですか？」とお尋ねになるかもしれない。これは難しい質問だ。「何に生じている波なのかは問題ではないようです」というのが1つの答えだ。もう1つの答えは、「『電子場』というものがすべての時空に広がっていて、電子はその電子場の励起なのです」というものだ。電子場がピアノの弦のような役割を担い、電子はピアノの弦に当たる電子場が振動している状態だ、というわけである。

　波はいつも原子の内部のような狭いところに閉じ込められているわけではない。たとえば海の表面にできる波は、海岸に打ち寄せる前に何マイルも進む場合がある。量子力学にも進行波は登場する。光子もそんな進行波のひとつだ。だが、光子についての詳しい話に進む前に、説明せねばならない細かな点がある。というのもそれは、のちの章で取り上げるいくつかの事柄に関係しているからだ。先に水素内部の電子の振動数を挙げたときに、それは単純化しすぎた値だとお断りした。ここではそれがどれほどの単純化だったのかを説明するために、もう1つ、

31

$E=h\nu$ という式を導入する。ここで、E はエネルギー、ν は振動数、そして h は不確定性原理のところで登場したプランクの定数と同じものだ。$E=h\nu$ は、振動数のほんとうの意味を教えてくれる素晴らしい式だ。振動数とはつまり、新しい衣をまとったエネルギーなのである。しかし、エネルギーにはいろいろな種類があるという問題がある。電子は静止エネルギーを持っている。運動エネルギーも持っている。さらに、陽子から電子を完全に離してしまうのに必要なエネルギーの量である、結合エネルギーも持っている。$E=h\nu$ の式の中では、どのエネルギーを使えばいいのだろう？ 水素の振動数として毎秒 3×10^{15} 回の振動という数を示したときわたしが使っていたのは、運動エネルギーに結合エネルギーを足し合わせたもので、静止エネルギーは含めていなかった。だが、それは独断的なことだった。わたしは、もしそうしようと思えば、静止エネルギーを加えることもできたのである。だとすると、量子力学では、振動数にはいくらか曖昧なところがあるということになるが、それはまたなんともやっかいそうだ。

　この問題は、次のように解決されている。電子が、あるエネルギー準位から別のエネルギー準位に飛び移るとき、どんなことが起こるのか考えてみよう。電子がエネルギーの低い準位に移るとき、この電子は光子を放出して、余分なエネルギーを捨てる。この光子が持っているエネルギーは、準位を変える前後での電子のエネルギーの差に相当する。この光子のエネルギーを考えるとき、電子のエネルギーに静止エネルギーを含めていたかどうかはまったく関係ない。なぜなら、知りたいのは、電子が準位を飛び移る前後でのエネルギーの差だけだからだ。$E=h\nu$ という式をうまく使うには、E を光子のエネルギーとすればいい。すると ν は光子の振動数となり、曖昧さのない明確

な数値となる。これで、解決すべき問題点は1つだけとなった。それは、「光子の振動数とは、厳密に言うと何なのだろう？」という問題だ。次にこれをご説明しよう。

光子

　物理学では、何世紀にもわたって、ある論議が激しく戦わされてきた。光は粒子なのか、それとも波なのか、どちらなのだろうという論議だ。量子力学は、この論議を予期せぬかたちで解決した。「光はその両方である」というのがその結論だ。

　光が持つ波のような性質をよくわかっていただくために、1つの電子が1本のレーザー光線の中に日光浴しに行くことにしたと想像してみよう。レーザー光線は、コヒーレント(訳注：波長のみならず位相もそろっており、他のそのような光と干渉できるということ)で強力な安定した光線である。そして、鍵となるのは、電子がレーザー光線の中に入ると、レーザー光線はその電子を、ある方向に引っ張ったかと思うと、次はまた別の方向に引っ張る、というように、あちこちの向きに、ある一定の振動数で引っ張りまわすということだ。この振動数こそ、$E = h\nu$ の式に入る振動数である。可視光の振動数は、毎秒 10^{15} 回より少し小さいくらいの値である。

　この比喩はやや現実離れしているが、もっと実際的な例をすぐに挙げることができる。電波は実のところ、光と同じもので、ただ振動数がはるかに小さいだけだ。FMラジオの電波は、毎秒約 10^8 回、すなわち 10^8 Hz の振動数である。わたしが暮らしている地域で人気の高いラジオ局の1つに、ニュージャージー 101.5 という局があるが、ここは 101.5 メガヘルツの振動数(ラジオの場合、「周波数」というのが一般的だが)で放送している。1メガヘルツは百万ヘルツ、つまり 10^6 Hz だ。すると、100 メ

ガヘルツは 10^8 Hz である。したがって、振動数 101.5 メガヘルツというのは、1 秒間に 10^8 回よりもほんの少し多く振動しているということだ。FM ラジオは、その内部にある電子が、だいたいこのような大きさの振動数で振動できるように作られている。あなたがラジオをチューニングしてどこかの局にあわせるとき、あなたは、ラジオの回路の中にいる電子たちがどの振動数で振動したがるかを調整しているのだ。ラジオの中の電子たちは、先ほどのレーザー光線で日光浴する電子と同じように、ラジオに降りかかる電波を、土砂降りの雨に打たれるようにたっぷりと浴びているのである。

　もう 1 つ、理解を助けてくれそうな比喩が、海に浮かぶブイだ。波や潮に流されないように、ブイは普通、海底に沈めた碇（いかり）に鎖でつながれている。ブイは水面に留まったまま、波に応答してひょいひょいと上下に動いている。これは、日光浴している電子がレーザー光線に応答する仕方とよく似ている。そして実のところ、日光浴する電子の話には続きがある——電子は、ブイのように何らかの手段でつなぎとめられていない限り、いつかはレーザー光線の方向に押し流されてしまうのだ。

　ここまでのわたしの説明では、光が持つ波に似た性質に焦点を当てていた。では光は、どのような点で粒子のように振舞うのだろう？ここで、光電効果という有名な現象がある。この現象は、光は実際に光子という粒子から成り立っており、個々の光子は $E = h\nu$ で決まるエネルギーを持っているという証拠を提供するものだ。つまり、こういうことだ。金属に光をあてると、金属から電子がはじき出される。巧妙に作られた実験装置を使ってこれらの電子を検出し、さらに電子のエネルギーを測定することもできる。このような測定から得られる結果は、次のようなことが起こっているとすると、うまく説明できる。多

数の光子からなる光は、金属を連続的にポンポンと軽く叩いていく。光が1回叩くことは、1個の光子が、金属内部にある電子の1つにぶつかることに相当する。光子が十分なエネルギーを持っているときには、ぶつかった光子が電子を完全に金属の外に飛ばしてしまうこともある。$E=h\nu$ という式によれば、振動数が高いほどエネルギーは大きい。青い光は、赤い光よりも35％ほど高い振動数を持っていることがわかっている。だとすると、青い光子は赤い光子よりも35％余分にエネルギーを持っているということになる。あなたがナトリウムを使って光電効果を研究するとしよう。やってみると、赤い光子は、電子をナトリウムの外にはじき出すのに十分なエネルギーを持ってはいないことが判明する。赤い光をものすごく明るくしても、電子など1個もはじき出されない。しかし、青い光子は、赤い光子よりも少し大きなエネルギーを持っており、それは電子をナトリウムの外にはじき出すのに十分である。ごくごく弱いものであっても、青い光はこの難しい仕事をやってのける。重要なのは、光子の個数に対応する光の明るさではなくて、個々の光子のエネルギーを決める、光の色なのである。

電子をナトリウムの外にはじき飛ばすのに必要な最低の振動数は毎秒 5.5×10^{14} 回で、これは緑色の光にあたる。これに対応するエネルギーは、$E=h\nu$ の式によれば、2.3電子ボルトだ。1電子ボルトとは、1個の電子が1ボルトの電源から得るエネルギーの量である。したがって、プランク定数の数値は、2.3電子ボルトを毎秒 5.5×10^{14} 回という振動数で割ったものとなる。これは普通、4.1×10^{-15} 電子ボルト秒と言い表される。

要するに、光は多くの状況で波のように振舞うが、他のさまざまな状況では粒子のように振舞うのである。これを波と粒子の二重性と呼ぶ。量子力学によれば、波と粒子の二重性を示す

のは何も光だけではない。すべてのものがこの性質を持っているのだ。

　ここで少し、水素原子に戻ろう。1つ前のセクションでわたしは、水素原子の量子化されたエネルギー準位を、どうすれば一定の振動数を持った定常波と見なすことができるのかについて説明を試みた。これは、電子が波のように振舞う1つの例である。しかし、みなさんも覚えておられるかもしれないが、振動数とはいったい何を意味するのかという説明で、わたしはちょっともたついてしまった。$E = h\nu$ という式を導入するとすぐに、E に電子の静止エネルギーを含めるべきかどうかという問題にぶつかってしまったのだった。光子の場合、そのような問題はまったく生じない。光の振動数は、実際、具体的なものを意味している。ラジオがちゃんと受信するようにチューニングする周波数と同じものだ。したがって、1つの電子が光子を1個放出しながら、あるエネルギー準位から別の準位へと飛び移るとき、これら2つの準位の間でエネルギーはどれだけ違うのかは、光子の振動数をもとに、曖昧さなどまったくなしに判断することができるのである。

　ここまでの議論で、光子とは何か、かなりよくわかったと感じていただけたのではないだろうか。もっとも、光子を完全に理解するのはなかなか難しい。その難しさは、ゲージ対称性という概念から生じている。ゲージ対称性については、第5章で少しページを割いて議論する。このセクションの残りの部分では、特殊相対性理論が提供する諸概念と量子力学が提供する諸概念とを、光子がどのように織り合わせるのか探ってみよう。
　相対性理論は、光は真空中を常に同じ速度（299,792,458 m/秒）で進み、しかも、この光よりも速く運動できるものは存在しな

いという仮定に基づいた理論だ。これらの主張についてじっくり考えてみれば、たとえば自分自身を光速まで加速して、自分が動いている向きにピストルを発射したなら、その弾丸は光よりも速く飛んでいるはずではないかということに誰もが思い当たるだろう。「そうなんでしょう？」ですって？いやいや、結論を急いではいけない。ここで、時間の遅れにまつわる問題が持ち上がる。現代の粒子加速器の中で加速されている粒子にとっては、時間は1000倍も進みが遅くなると、わたしが述べたときのことを覚えておられるだろうか？この遅れの理由は、これらの粒子が光速に近い速度で運動していることにある。光速に近い速度で運動するのではなくて、光速で運動するのなら、時間は完全に止まってしまう。あなたがピストルを発射することは決してない。なぜなら、引きがねを引く時間は絶対に生じないからだ。

　この説明だと、光速を超えられる可能性が見出せる余地はまだあるのではないかと思われるかもしれない。あなたは光速まであと10 m/秒という速度に達することができるかもしれない。そのとき、あなたの時間は糖蜜のようにゆっくりと流れているだろうが、おそろしくゆっくりではあっても、いつかあなたはピストルから弾丸を発射することができるだろう。発射された弾丸は、あなたに対して、10 m/秒よりかなり速く運動しているだろうから、その弾丸は確実に光速を上回る速度に達するはずだ。「そのはずでしょう？」ですって？実は、そのようなことは絶対起こらない。あなたの動きが速くなればなるほど、どんな物でもあなたより速く動かすのはますます難しくなるのだ。それは、向かい風のようなものがあなたに吹きつけているからではない。これらのことはすべて、大気のない宇宙空間でも起こる。これは、特殊相対性理論の中では時間、長さ、そし

て速度が複雑に絡み合っている、その絡み合いかたのせいで、このようにならざるをえないのである。相対性理論の中にあるすべてのものが、光より速く動こうとする企てをすべて打ち砕くような具合に関係づけられているのだ。相対性理論は、世界を記述するという仕事で数多くの成功を収めており、そのためほとんどの物理学者たちは、相対性理論の第一の主張を額面どおりに受け取るにやぶさかではない。光より速く動くことはとにかくできない、というわけだ。

では、光は真空中を常に同じ速度で運動するという、もう1つの主張についてはどうだろう？この主張は実験によって検証することが可能であり、どんな振動数の光を使おうが、正しいようだ。これは、光子と、電子や陽子などの他の粒子の間には際立った違いがあるということを意味する。電子や陽子は、速くも遅くも運動できる。電子や陽子は、速度が速いときには大きなエネルギーを持っている。遅いときには、より小さなエネルギーしか持っていない。しかし、電子そのものが持つエネルギーは、その静止エネルギー、$E = mc^2$ よりも小さくなることは決してない。同様に、陽子そのもののエネルギーは、その静止エネルギーよりも小さくなることは決してない。ところが、光子のエネルギーは $E = h\nu$ で、振動数 ν は、光子の速度を変えることなしに、好きなだけ大きくしたり小さくしたりできるのである。とりわけ小さくするほうについては、光子のエネルギーには下限がない。だとすると、光子の静止エネルギーはゼロでなければならない。じっさい $E = mc^2$ の関係式を使えば、光子の質量はゼロでなければならないという結論に到達する。「光子は質量を持たない」。これこそ、光子と他のほとんどの粒子との重大な違いである。

本書のこの後の議論には関係ないのだが、光の速度が一定な

のは真空の中だけだと知っておくのはいいことだ。実際、光は、物質を通過するときには遅くなる。わたしが今言おうとしているのは、可視光がナトリウムに射し込んでいるのとはまったく違って、水やガラスのように透明な物質を通過しているという状況である。水を通過するとき、光は約 1.33 倍遅くなる。ガラスを通過するときには、これよりさらに遅くなるが、2 倍以上遅くなることはない。ダイヤモンドは光の速度を 2.4 倍も遅くする。これほど極端に光を遅くすることと、その透明度の高さがあいまって、ダイヤモンドは独特の輝きを放っているのである。

第3章

重力とブラックホール

　数年前のある晴れた夏の日、わたしは父と一緒に、コロラド州アスペン近郊にあるクライミングに人気の岩壁、グロット・ウォールまで車で出かけた。ツイン・クラックスと呼ばれる古くからの中級ルートを登りきるのが目標だ。事故もなく2人とも無事登りきったので、わたしはもうひと頑張りしてみたくなって、クライオジェニックス（訳注：低温物理学という意味もある言葉）と呼ばれる上級ルートをエイド・クライミングで登ろうと提案した。エイド・クライミングとは、自分の手と足だけに頼るのではなくて、岩場にハーケン（訳注：登山者が岩の割れ目に打ち込む釘(くぎ)）などの道具をいくつも固定し、それを使って体重を支えながら登るというスタイルだ。まず自分の体をロープに結びつけ、そのロープを、岩場に固定したすべてのハーケンに通して留め、万一体重がかかっている最初のハーケンが抜けてしまっても、その下側にもたくさんハーケンがあるおかげで、転落を食い止めることができるようにしておくのである。

　クライオジェニックスは、張り出した崖ばかりと言ってもいいような地形で、エイド・クライミングを練習するにはうってつけの場所だとわたしには思われた。万一落ちたとしても、岩の上を痛い思いをして滑り落ちたりはせず、少しだけ落ちたら

その後は、ロープからぶらさがった状態で止まるはずだ。もしかしたら地面まで落ちてしまうかもしれないが、その可能性はあまりなさそうだった。クライオジェニックスにはもう1ついいところがあって、指2、3本分の幅のクラック（訳注：登山用語で、岩の裂け目のこと）が、崖の上までほぼずっと続いている。ならば、そのクラックを利用すれば好きなだけハーケンを打つことができるだろう、というのがわたしの思惑だった。

　父も同意してくれたので、わたしは喜び勇んでクライオジェニックスのルートを登り始めた。そのとき初めて、わたしは自分の計画に問題があることに気づいた。クラックの奥を見てみると、ハーケンを簡単に固定できるような状態ではとてもなかったのだ。ハーケンをたくさん使わねばならず、しかも爆弾が落ちても大丈夫なほどしっかりとはハーケンを打ち込めなかった。そのため、ほんのちょっとの登りだったのに、ハーケンを次々と使わねばならなくなり、頂上に近づいたときには、一番強いハーケンはほとんど残っていなかった。もうあと一息というところまで来たが、そこからは手足だけで登るには最も難しい崖で、しかもハーケンはもう1つもなかった。だが、あと一息なのだ！　わたしは、ほとんど気休めにしかならないようなナット（訳注：ロッククライミングで使われる固定具）を、広く口の開いたクラックに固定した。片足を乗せてみると、ナットは持ちこたえた。そこで、同じクラックにヘックス（訳注：ナットの一種、ヘキセントリックの略称。六角柱の形状をしている）を固定した。そのヘックスに足をかけたところで、わたしは転落した。その後のことは、瞬く間に過ぎたので、わたしは覚えていないが、推測するのは難しくない。

　ナットが抜けた。わたしは虚空へと落ちた。次のナットが抜けた。クライミングをする人々は、この現象を「ジッパリン

グ」と呼ぶ。ジッパーを開くのに似ているからだ。ある程度以上の数の固定具が抜けると、地面まで落ちてしまう。固定具が1個抜けるたびに、そのすぐ下の固定具は一段と強く引っ張られる。なぜなら、落ちていく人間にはますます速度と弾みがついているからである。体をぐっとひねって、わたしは次の固定具の手前で持ちこたえた。それは、クライマーの装備品の中でも最も洗練された固定具、カム（訳注：登山で使われる、半円形のギアを複数組み合わせた固定具で、クラックに差し込んで固定し、安全を確保するためのもの）だった。最善の設置にはなっていなかったが、それでも持ちこたえてくれた。下の平らな地面に座ってロープを握っていた父は、わたしたちの間でロープがつっぱったせいで、かなり前方にぐぐっと引きずられていた。

　これが事の顛末だった。しばらく時間をかけて、転落を食い止めてくれたカムを調べた。引っ張られて少し回転したようだったが、それでも大丈夫だった。このカムのすぐ下にある固定具をいくつか調整して、それから崖を降りた。2、3分の間地面を歩き回って、こんなに堅かったのか、と思った。ロープをたどってもう一度登り、自分の固定具をできるだけ回収して、その日はそれでおしまいにした。

　さて、クライオジェニックスでのわたしの経験から、わたしたちは何が学べるだろう？それはもう、一番大事なのは、エイド・クライミングするときは、固定具がなくなったらそれ以上登ってはならないということだ。

　2つめに大事なのは、落ちること自体は問題ではないということである。問題なのは着地だ。わたしは、地面まで落ちはしなかったので、かすり傷ひとつなしに済んだ。（2、3分後に鼻血が出たが。）あのカムの手前で留まったときには体がぐいっと引っ張られたように感じたが、それにしても、地面にぶつかって、

衝撃でぐしゃっとつぶされる恐ろしさを思えば、たいしたことではなかった。

　実は、落下からは、重力に関する深い知識が得られるのである。落下している間、あなたは重力を感じない。エレベーターが降下しはじめるときにも、完全な無重力ではないが、それに近い感じがする。わたしは、他ならぬ自分自身の転落という経験に基づいて、重力についてある種の深い理解を得たのだと申し上げたい。実を言えば、クライオジェニックスではその経験をじっくり味わう余裕もなかったし、あまりに恐ろしかったので、とても論理的な考えができる状況でもなかったのだが。

ブラックホール

　ブラックホールに落ちるとどんなことになるのだろう？ ぐちゃっとつぶされ、つぶされる間、そのおぞましい衝撃を感じるのだろうか？ それとも、ただ永遠に落下し続けるのだろうか？ 答えを明らかにするために、ブラックホールにはどんな性質があるのか、ざっと見ていくことにしよう。

　まず第一に、ブラックホールは、その内部からはどんな光も逃れられない物体だ。「ブラック」と呼ばれているのは、これは一切光を発しない、完全に暗い物体だということをはっきりさせるためである。ブラックホールの表面は「地平面」と呼ばれているが、それは、その外側にいる者には、ブラックホールの内部で何が起こっているかを見ることができないからだ。どうして見ることができないかというと、見るには光が必要なのに、ブラックホールから光はまったく出てこないからである。ブラックホールは、たいていの銀河の中心部に存在していると考えられている。また、非常に重い恒星の進化の最終段階であるとされている。

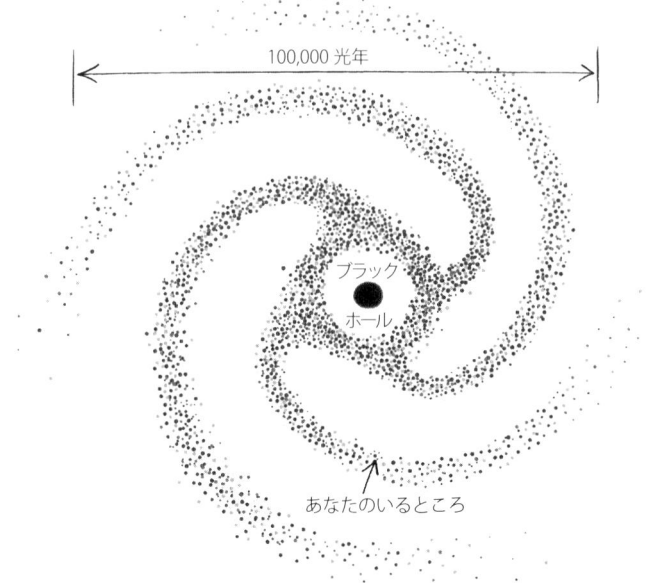

図中のラベル：
- 100,000 光年
- ブラック ホール
- あなたのいるところ

わたしたちの銀河である天の川銀河の中心には、おそらくブラックホールがあるのだろう。このブラックホールの質量は、太陽の質量の約 400 万倍だと考えられている。地球から見ると、射手座の方角、約 26,000 光年の距離にある。このブラックホールは、ここに描かれているよりもはるかに小さく、それを取り巻いている、恒星が存在しない領域もまた、描かれているよりもずっと小さい。

　ブラックホールにまつわるすべての事柄の中でも最も不思議なのが、ブラックホールは中心の「特異点」を除き、完全に空虚な空間だということだ。これは、まったくのたわごとにしか聞こえないかもしれない。銀河の中で最も重たいものが空っぽな空間だなどということが、どうしてありうるのだろうか？これに対する答えは、「ブラックホール内のすべての質量が崩壊して特異点に集中している」というものだ。実のところ、特異点でいったい何が起こっているのか、わたしたちにもわからない。わかっているのは、特異点は時空を歪め、周りを囲むように地平面を作ってしまうということだ。この地平面の内側に入

るものはすべて、やがては特異点に引き寄せられてしまう。

　さて、1人のロッククライマーが運悪くブラックホールの中に落ちてしまったと想像していただきたい。地平面を超えるだけでは、彼は怪我ひとつしないだろう。というのは、そこには何もないからだ。そこは空虚な空間だ。当のロッククライマーは、地平面を越えてブラックホールの内部へと落ちたときですら、そのことに気づきもしないだろう。そうなるとやっかいなことに、彼の落下を停止させられるものは何もない。そもそも、しがみつけるようなものなど一切ないのだ——ブラックホールの内側では、特異点を除いてはどこもかしこも空虚な空間だということを思い出してほしい。クライマーにとっては、彼のロープが唯一の希望だ。しかし、たとえそのロープが史上最強の固定具につなぎとめられていたとしても、何の役にも立たないだろう。固定具は持ちこたえるかもしれないが、ロープのほうは切れてしまうか、どんどんと伸び、やがてクライマーは特異点に至るだろう。そんなことが起こったなら、そのときは実際に、ぐしゃっとつぶされる恐ろしい衝撃が生じるだろう。しかし、ほんとうのところはどうなのか、確かなことを突き止めるのは難しい。というのも、当のクライマーの他に、それを観察できる者は誰もいないからだ。光は一切ブラックホールの外へは出られないのだから！

　この議論で理解していただきたい一番大事なことは、ブラックホール内部で重力が物を引っ張る力は圧倒的だということだ。地平面を超えたら最後、不運なロッククライマーは、時間を止められないのと同じく、自分が落ちて行くのを止めることはできない。しかし、特異点に達するまでは、何かで「痛い」思いをすることはない。そのときまで、彼は空虚な空間をただ落下するばかりだ。そしてわたしがクライオジェニックスで転落し

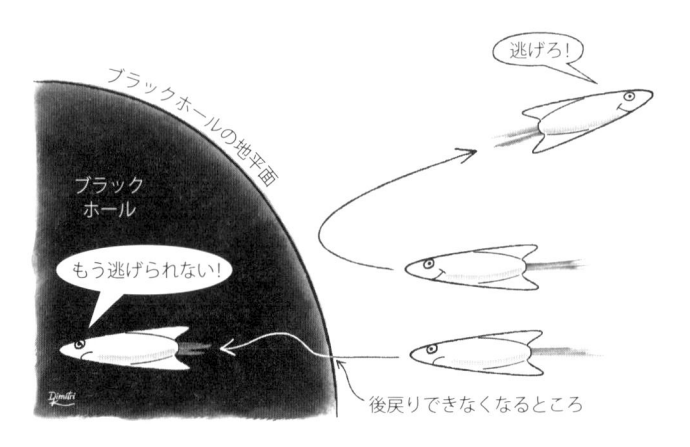

図中のテキスト:
- ブラックホールの地平面
- ブラックホール
- もう逃げられない！
- 逃げろ！
- 後戻りできなくなるところ

ブラックホールの地平面は、そこから先はもう引き返せなくなる地点だ。そこに近づいただけなら、宇宙船は向きを変えて逃げることができる。しかし、地平面の内側に入ってしまったら、後戻りして外に出ることは絶対にできなくなってしまう。

つつあったときに感じていたのと同じように、彼も重さがないように感じるだろう。これは、特殊相対性理論の基本的な前提だ。自由落下している観察者は、自分は空虚な空間のなかを漂っているように感じるのである。

　もうひとつ、こんな比喩が役立つかもしれない。山奥に湖があって、そこから細くて流れの速い小川が流れ出ているとしよう。湖に住んでいる魚たちは、この小川が湖から流れ出ていく口にあまり近づいてはいけないことを知っている。なにしろ、小川に押し流されはじめたら最後、水流に逆らって湖に戻れるほど速く泳ぐことなどできないのだから。小川に押し流された愚かな魚たちは、痛みを感じはしないが(少なくとも直ちに感じはしない)、川下に向かって押し流されるがままになるほかない。この湖はブラックホールの外側に似ている。そして、ブラックホールの内側は小川に似ている。さらに特異点は、小川がその真上に流れ落ちる、尖った岩のようなものと言えるだろう。小川に押し流されてその岩に落ちた魚たちはみな、一瞬で血まみ

れになって死んでしまうことだろう。だが、別の可能性も想像できる。たとえば、小川はもう1つの湖につながっていて、魚たちは何の危険もなくそちらの湖に到着するかもしれないのだ。これと同じように、ブラックホールの内側にも結局は特異点など存在せず、別の宇宙につながるトンネルがあるだけなのかもしれないのである。この考えはあまりに突拍子もないように思えるが、ブラックホールに自分が落ちるほかに、特異点を実際に知り、ブラックホールの内部に何があるかを突き止めることはできないのだから、そのような可能性も完全には否定できない。

　実は、天体物理学的な状況設定のもとでは、「ブラックホールに近づいても何も感じることなくやがて地平面を超えてしまうだろう」という考え方には大きな但し書きがつくことがわかる。その但し書きは、潮汐力に関連したものだ。潮汐力は、海の潮の満ち干きの原因となる力であることからこう呼ばれている。月は地球を引っ張っているが、月に近い側をより強く引っ張る。そちら側の海では、月が引っ張るのに応えて海面が上昇する。そして、月に遠い側でも海面は上昇する。これは直感に反するかもしれないが、このように考えればいいだろう——地球の真ん中あたりの部分は、月から遠い側の海よりも強く月に向かって引っ張られている。月から遠い側の海面が上昇するのは、もっと強く引かれている他の部分においてきぼりにされるからだ。他の部分はすべて、もっと月に近く、それだけ強く月に引かれるので、もっと月のほうへと動くのである。

　恒星のような物体がブラックホールに近づくときにも、これと同じような効果が生じる。恒星のブラックホールに近い側がより強く引き込まれて、その結果恒星は細長く引き伸ばされる。恒星がブラックホールの地平面にいよいよ接近すると、恒星は

ついにばらばらにちぎれてしまう。このようにちぎれるのは、潮汐力と、恒星がブラックホールの周囲を回転する運動とがあいまってのことだ。しかし、必要以上に話が複雑にならないようにするために、回転は無視して、ブラックホールにまっすぐ落ちていく恒星だけを考えよう。もっと簡単にするために、最初は、恒星を考える代わりに、恒星の直径と同じ距離だけ離れていた2人の観察者がブラックホールの中へと自由落下を始めたという状況について考えよう。この2人の観察者が進む経路は、恒星のブラックホールに一番近い部分と一番遠い部分とが進む経路と同じだと考えられるわけだ。はじめにブラックホールに近い側にいた観察者を「近い側の観察者」と呼ぼう。もうひとりは「遠い側の観察者」だ。ブラックホールは、近い側の観察者のほうをより強く引っ張る——これは単に、彼女のほうが近くにいるからだ。すると彼女は遠い側の観察者よりも速く落ち始め、その結果2人の観察者たちは、落ちながらどんどん遠く離れていく。2人の視点からすると、彼女らを引き離すような力が働いているように見える。この見かけの力が潮汐力だ。要するに潮汐力とは、重力は常に遠い側の観察者よりも近い側の観察者のほうを強く引っ張るという事実の現れなのである。

　また、こんな比喩も、理解の助けになるかもしれない。渋滞につかまった車が、何台も連なって動き出すところを思い描いていただきたい。スピードを上げられるところにたどり着いた先頭の車は、加速して、すぐ後ろの車を引き離していく。2台目の車が同じ場所に来て加速しはじめても、先頭の車からは大きく引き離されたままだ。これは、近い側の観察者と遠い側の観察者がブラックホールに落ち始めたときに、2人の間の距離がどんどん開いていくのととてもよく似ている。ブラックホールに向かって落ちていく恒星が引き伸ばされるのも、本質的に

これと同じ現象だ——ただし、完全に事実に即した記述をしようとするなら、恒星がブラックホールの周囲を回転する運動も説明せねばならず、さらに、ブラックホールの地平面付近で時間が独特の歪みを起こすことも、最終的には加味せねばならない。

　近年、ブラックホールに恒星が落下したり、２つのブラックホールが互いに相手に落下するなどの現象が起こっているのを検出しようという実験が行われている。中でも特に重視されている実験の１つは、２つの巨大な天体が融合するときに勢いよく生じる重力放射を検出するというものだ。この重力放射と呼ばれる現象は、裸眼で見えるようなものではない。なぜなら、わたしたちには光しか見えないからだ。重力放射は光とはまったく違う。重力放射は、時空の歪みが波として伝わっていくものだ。しかし重力放射は、光と同じようにエネルギーを運び、また光と同じように、ある決まった振動数を持つ。光は光子——ほんの小さな光の塊、つまり、光の量子——でできているが、重力放射もこれと同じように、重力子という小さな量子でできているとわたしたちは考えている。重力子でも光子と同じく、エネルギー E と振動数 v の間に、$E = hv$ という関係が成り立っている。そして重力子も、光速で運動し、質量は持たない。

　重力子と物質の相互作用は、光子と物質の相互作用に比べてはるかに弱いので、光電効果に対応するような重力子の効果を確認することによって重力子が検出できる見込みはまったくない。だからその代わりに、重力放射の基本的な性質に直接切り込むような検出手法が計画されている。重力放射を運ぶ波である重力波が２つの物体の間を通過すると、これらの物体の間の距離は揺らぐ。なぜなら、両者の間の時空そのものが揺らぐか

らだ。それなら、2つの物体間の距離を非常に正確に測定した上で、その距離が揺らぐのを待ってやろう、というのがこの計画だ。これがうまくいけば、宇宙についてのまったく新しい見方が開けるだろう。また、重力放射など予言していなかったニュートンの万有引力とは対照的に、重力放射を予言している相対性理論の正しさを、華々しく直接的に確認することにもなるだろう。

一般相対性理論

　一般相対性理論については実のところ、本書でもすでにかなりお話ししてきたことになる——ただし、間接的にではあるが。一般相対性理論は、ブラックホールや重力放射を説明する、時空についての理論だ。一般相対性理論における時空は、そこで事象が起こる、それ自体は変化せぬ舞台ではなく、ダイナミックな湾曲した幾何学的構造である。重力波は、この幾何学的構造の中を、湖に小石を投げたときに生じるさざなみのように進んでいく波だ。そしてブラックホールは、湖から流れ出る小川のようなものである。だが、この2つの比喩はどちらも不完全だ。足りない要素の中でも最も重要なのが、一般相対性理論の核心である、新しい種類の「時間の遅れ」である。

　はじめに、特殊相対性理論での時間の遅れについておさらいしておこう。特殊相対性理論では、時空は固定されたままになっている。この理論は、物体が互いに相対的に運動するとき、どのような振舞いになるかを記述するものだ。ここでの時間の遅れは、あなたが運動しているとき、あなたにとって時間の進みがどれだけ遅くなるかを記述する。あなたが速く動けば動くほど、時間の進みはそれだけ遅くなる。光速に達すると、時間は止まってしまう。

一方、一般相対性理論では、時間の遅れは新しい特徴を帯びる。あなたが、巨大な重い恒星が作るような深い重力場の井戸の奥にいるとき、時間の進みは遅くなる。そしてあなたがブラックホールの地平面に達すると、時間は止まってしまう。

　「ちょっと待ってください！さっき、ブラックホールの地平面は、いったんその内側に落ち込んでしまえば二度と出てこれなくなる以外は、特別なことは何もないと言っていたじゃないですか」とみなさんはおっしゃるかもしれない。「地平面を超えるのは特別なことじゃないって言いますけど、ブラックホールの地平面で時間が止まってしまうなら、特別なことじゃないですか？」と。この矛盾は、時間とは「どの場所から観察しているか」で決まるものだという事実によって解決される。地平面から落ちてしまうロッククライマーは、地平面のほんの少し上に留まっている観察者とは違った時間を経験する。そしてブラックホールから遠く離れた観察者は、このどちらとも違った時間を経験する。遠方の観察者の視点からは、どんなものも、地平面の内側に落ちるのに無限に長い時間がかかっているように見える。そのような観察者がブラックホールに落ちるロッククライマーを観察していたとすると、ロッククライマーは這うように少しずつ地平面に近づいているが、いつまでたっても完全に中に落ちてしまうことはないように見えるだろう。一方、ロッククライマー自身の時間感覚では、自分はある有限の時間内に地平面の内側に落ち、それに引き続く有限の時間内に、特異点が潜むブラックホール中心部に至る。ただし、ロッククライマーにとって、時間の進みは遅くなってはいくだろう。なぜなら彼にとっての1秒は、遠方の観察者にとってはもっと長い時間に対応するからだ。ブラックホールの少しだけ上の場所に留まっている観察者にとっての時間の進みも、遅くなっていく。

この観察者が地平面に近づけば近づくほど、時間がたつのはますます遅くなる。

　この時間の遅れについての話は、おそろしく抽象的だと思われるかもしれないが、実際、その影響は現実世界に現れているのである。地球の表面では、宇宙空間でよりも時間はゆっくり進む。その差は微々たるものだ。10億分の1弱の遅れでしかない。しかし、全地球測位システム(GPS)にとっては、この差が問題となる。というのも、GPSが対象物の位置を地球表面で正確に特定するためには精密な時間測定が不可欠だからである。そうした精密な時間測定となると、GPS衛星が運動しているということと、これらの衛星が、地球の重力が作る井戸の中で、わたしたちほど深いところにいないということによる、時間の遅れの影響がはっきりと現れてしまう。こうした時間の遅れの効果をきちんと処理することが、GPSが現在働いているようにうまく機能するためには不可欠となる。

　先ほど、時間の遅れと運動エネルギーの間には関係があることをお話しした。少しおさらいしておこう。運動エネルギーは、動きに伴って生じるエネルギーであり、時間の遅れが起こるのも、物体が運動しているときだ。ある物体の運動が相当速くなって、その物体が静止エネルギーの2倍のエネルギーを持つに至ったとすると、そのときその物体の時間は、静止していたときの半分の速さで進むようになる。さらに速度が上がって、静止エネルギーの4倍のエネルギーを持つに至ったとすると、そのとき時間は4分の1の速さで進む。

　重力赤方偏移(訳注：質量の大きな天体の近くから放射された光が、強い重力を受けてエネルギーの一部を失った結果、その振動数が小さくなり、波長が長くなって観測される現象)の場合も、これに大変よく似た事情があるのだが、こちらは重力エネルギーに関係し

ている。重力エネルギーとは、落下することで獲得されるエネルギーだ。宇宙ごみが1個地球に落ちてくるとき、そのごみが落下することによって得るエネルギーは、その静止質量の10億分の1弱だ。この割合が、地球表面での重力赤方偏移がどの程度かという数値と同じ、きわめて小さな値なのは、決して偶然ではない。異なる場所で、時間の進む速さが異なるということは、すなわち、そこに重力が働いているということだ。実のところ、重力場があまり強くない限りにおいては、この効果は重力そのものなのである。物体は、時間の進みが遅い場所から、時間の進みが速い場所へと向かって落ちる。あなたが感じるこの下向きに引っ張られる力、つまり、わたしたちが重力と呼ぶものは、高度が高い場所と低い場所の間で、時間の進む速さがどれだけ違うかという割合に過ぎないのである。

ブラックホールは実は完全にブラックではない

　弦理論研究者たちがブラックホールに感心を抱く主な理由は、ブラックホールが量子力学的に実に面白い性質を持っているからだ。量子力学は、ブラックホールを定義づけているさまざまな性質をさかさまにひっくり返してしまう。ブラックホールの地平面は、もはやブラックではなくなってしまい、赤熱した石炭のように光を放出する。とはいえ、その光はごく弱いものであり、かなり低温だ——少なくとも、天体物理学の対象であるブラックホールについてはそうだ。ブラックホールの地平面が光を放出するということは、それが温度を持っているということを意味する。そしてその温度は、ブラックホールの表面で重力がどれだけ強いかということに関係している。ブラックホールが大きくなれば、それだけ温度は低くなる——少なくとも、天体物理学で登場するブラックホールの場合はそうだ。

温度はこのあと再び登場するので、もっと注意深く論じておいたほうがいい。温度を正しく理解するには、それを熱エネルギー、つまり熱として捉えなければならない。マグカップに入っているお茶の中にある熱は、水分子の微視的な運動から生じている。水を冷やすとき、あなたは水から熱エネルギーを奪い取っている。個々の水分子の運動はどんどん不活発になっていき、ついには、水は凍りついて氷になる。これは摂氏零度になったときに起こる現象だ。だが、氷のなかの水分子は、なおも少し動いているのである。氷の結晶のなかで、一番安定な居場所であるはずの平衡位置を中心にその周辺で振動しているのだ。摂氏零度を超えて、なおも氷を冷やしていくと、この振動も徐々に弱まる。最終的に摂氏 − 273.15 度になると、このような振動はすべて止まってしまう——実のところは、「ほとんど」止まってしまうと言うべきだ。というのも水分子は、量子力学の不確定性原理が許す範囲の厳密さでしか平衡位置にいないからだ。物を摂氏 − 273.15 度（華氏では − 459.67 度）以下に冷やせないのは、この温度に至ると、奪える熱エネルギーが物にはもう残っていないからである。この、可能な最も低い温度は「絶対零度」と呼ばれている。

　量子力学が、たとえ絶対零度においてであっても水分子が完全に振動をやめてしまうのを許さないということはとても重要だ。これについて、少し詳しく検討してみよう。不確定性原理によると、位置と運動量の間には $\varDelta p \times \varDelta x \geqq h/4\pi$ という関係がある。氷の結晶の中で個々の水分子がどこにあるかは、相当正確にわかっている。すると、$\varDelta x$ は相当小さいことになる。隣り合う水分子の距離より小さいのは確かだ。だが、$\varDelta x$ が相当小さいのなら、$\varDelta p$ はあまり小さくはならない。したがって、量子力学によれば、絶対零度で四角く固まった氷になっている

ときでも、個々の水分子はガタガタと少し揺れ動いているのだ。この運動に伴うエネルギーも存在し、「量子ゼロ点エネルギー」と呼ばれている。実を言うとこれには、本書でも水素原子を論じたときにすでに出会っていた。覚えておられるとおり、先にわたしは、水素原子の中に存在する電子の取りうる最低エネルギーを、ピアノの弦の基本振動数になぞらえた。最低エネルギーでも、電子はなおも運動しており、位置と運動量の両方とも、ある程度の不確定性を持っている。この状況は、電子が「量子揺らぎ」を示している、と表現されることもある。こうした基底状態における電子のエネルギーは、まさに量子ゼロ点エネルギーと呼ぶことができる。

　要するに、氷の塊の中では、熱振動と量子揺らぎという2種類の振動が生じている。熱振動は、氷を絶対零度まで冷却することによってなくすことができる。しかし、量子揺らぎはどうしてもなくすことはできない。

　絶対零度という温度はたいへん便利で、物理学者たちは絶対零度を基準にさまざまな温度を語ることが多い。このようなやり方で温度を表示するのがケルビン目盛だ。ケルビン目盛で1度——一般に「1ケルビン」と言われている——というのは、絶対零度の1度上、すなわち摂氏−272.15度である。273.15ケルビンは摂氏0度、氷が融ける温度だ。温度をケルビン目盛で測ったとき、熱振動は$E=k_B T$という単純な式で与えられる。ここでk_Bはボルツマン定数である。この式によると、たとえば氷の融点にある水分子1個の熱振動のエネルギーの典型的な値は、1電子ボルトの40分の1だ。第2章でナトリウムから電子を1個はじき出すのに必要なエネルギーは2.3電子ボルトだとお話したが、それに比べれば融点にある水分子の熱振動エネルギーは100分の1ほどの小さいものであることがわかる。

55

ケルビン目盛を感覚的に把握していただくために、興味深い温度をさらにいくつか挙げておこう。空気は約77ケルビンで液体に変わるが、この温度は摂氏－196.15度である。室温(たとえば摂氏22度)は、295ケルビンぐらいだ。物理学者たちは小さな物体を1ケルビンの1000分の1以内の極低温まで冷却することができる。この反対の極端な例を挙げれば、太陽の表面は6000ケルビンを少し切るくらいの温度で、太陽の中心は約1600万ケルビンだ。

　さて、温度についていろいろと説明したが、これらの話はブラックホールと何の関係があるのだろう？ブラックホールは、その振動が熱振動か量子揺らぎのどちらかに分類されるような小さな分子が集まってできたものではなく、空っぽの空間と地平面、そして特異点でできている。ここでこの空っぽの空間というのは、実はなかなか複雑なものだ。大ざっぱな言い方をすると、空っぽの空間の中では、粒子のペアが自然発生的に生まれたり消滅したりしている。粒子のペアが地平面の近くで生まれたとすると、片方の粒子はブラックホールの中に落ちるが、もう一方の粒子は難を逃れ、ブラックホールからエネルギーを奪って行ってしまう可能性がある。このようなプロセスが存在するせいで、ブラックホールはゼロでない温度を持っているのだ。簡潔に述べれば、地平面は、時空の至るところで起こっている量子揺らぎの一部を熱エネルギーに変換すると言うことができる。

　ブラックホールからの熱放射は、温度がきわめて低いことを反映してきわめて微弱だ。例として、太陽の2、3倍の質量を持っている重い恒星の重力崩壊で形成されたブラックホールについて考えてみよう。このようなブラックホールの温度は、約200億分の1ケルビン、すなわち、2×10^{-8}ケルビンである。

たいていの銀河の中心にあるブラックホールはもっと重い。太陽の100万倍から10億倍もの重さがある。太陽より500万倍重いブラックホールの温度は、約100兆分の1ケルビン、すなわち10^{-14}ケルビンである。

　弦理論研究者たちがブラックホールに強く関心を引かれているのは、ブラックホールの地平面が極端に低温だからではなくて、弦理論に登場するDブレーンという物体を微小なブラックホールとして説明できるかもしれない可能性があるからだ。これらの微小ブラックホールの温度は、絶対零度から任意の高温に至る広い範囲にわたっている可能性がある。弦理論は、微小ブラックホールの温度をDブレーンの熱振動に関係づける。次の章ではDブレーンをもっときちんと紹介し、第5章ではDブレーンが微小ブラックホールとどのような関係にあるかをさらに詳しく説明する。この関係こそ、重イオン衝突で何が起こるのかを弦理論によって解き明かそうとする最近の取り組みの核心にあるものなのだ。

第4章

弦理論

　プリンストン大学の2年生だったとき、わたしはローマ史についての講座を取った。共和制ローマを中心とした講座だった。ローマ人たちが国内の平和を維持しながら軍事的な成果を上げていった様子は興味深かった。彼らは不文憲法を持つようになり、ある程度の議会制民主主義も実施していた。それと同時に、まず近隣を、次にイタリア半島を、そしてついには地中海沿岸一帯のみならずさらにその外側までを征服したのだ。同じく興味深いのが、共和制末期の内戦の結果、専制的な帝政へと移行したことである。

　世界のさまざまな言語や法体制には今日もなお、古代ローマの影響が随所にみられる。身近な一例は、25セント硬貨の裏を見れば見つかる。1999年より前に鋳造されたものなら、束になった棒の上に鷲がとまっている姿が描かれているはずだ。この棒の束は、力と権威を表す象徴としてローマで使われていたファスケスである。ローマ人たちはこのほか、文学、芸術、都市建築や都市計画、戦術や戦略にも大きな影響を及ぼしている。ローマ帝国が最終的にはキリスト教を国教に定めたことは、今日キリスト教が世界で優勢である一因となった。

　しかし、いくらローマ史が好きだといっても、ここでほんと

うに話したいと思っている弦理論と関係なければ話題にしたりはしない。わたしたちはローマ人たちの影響を深く受けているとはいえ、彼らからは幾多の世紀に及ぶ長い時間によって隔てられている。弦理論は、もしも正しいとすれば、わたしたちが直接探ることができるエネルギーよりもはるかに高いエネルギーにおける物理を記述している。弦理論が記述しているエネルギー領域を直接探ることができたなら、5次元以上の次元、Dブレーン、双対性など、わたしがこれからお話ししようとしている風変わりなものを見ることができるだろう。ローマ文明がわたしたちの文明の根底にあるように、この風変わりな物理は（弦理論が正しいとすればだが）わたしたちが経験する世界の根底に横たわっている。だが、弦理論は、何世紀にも及ぶ悠久の時間ではないが、それに匹敵するほど大きなエネルギー尺度のギャップによって、わたしたちが経験する世界から隔てられている。5次元以上の次元が現れ、弦の効果が直接観察できると考えられている高さのエネルギーに到達するには、現時点で近々稼働されると決まっている粒子加速器よりも100兆倍も強力な加速器が必要なのである。

　このエネルギー尺度の乖離のおかげで、弦理論の一番やっかいな問題が生じる。それは、弦理論を検証するのは難しいという問題だ。第7章と第8章では、弦理論を実験に結びつけるための取り組みについてお話しする。一方、この章と続く2つの章では、実験の話には触れず、弦理論と現実世界の結びつきについては説明の手段として以外は言及せずに、弦理論をあくまでもそれそのものとしてお伝えするよう努めたい。つまるところこの3つの章は、ローマ略史のようなものと考えていただきたい。ローマ時代の文献は、叙述が回りくどく、理解するのが難しいことも多い。それでもわたしたちは、ローマの世界を理

解するためだけでなく、それを通してわたしたち自身の世界を理解するためにローマを研究する。弦理論にもまた、驚くほど込み入った構造があって、わたしの説明では分かりにくいこともあるのではないかと思う。だが、弦理論についての深い理解を基盤として、世界が理解できる日がやがて訪れる可能性は高いということは少なくとも言えるだろう。

この章では、弦理論の理解へと向かうために重要な3つのステップを進む。最初のステップは、重力と量子力学の間にある根本的な緊張関係を弦理論がいかに解決するかを理解すること。第2のステップは、弦が時空の中でどのように振動し運動するかを理解すること。そして第3のステップは、最も広く使われている弦の数学的記述法からどのように時空そのものが出現するかを理解することである。

重力 vs. 量子力学

量子力学と一般相対性理論はともに、20世紀前半に物理学がおさめた偉大なる勝利である。ところが、この2つを調和させるのは至難の業であることがわかった。その難しさは、「繰り込み可能性」と呼ばれる概念に深く関わっている。ここでは、この「繰り込み可能性」を、光子と重力子を比較することによって説明しよう。光子も重力子も、これまでの章ですでに登場している。結論を先に申し上げておくと、光子は繰り込み可能な理論に至るが(つまり、良い理論に至るということ)、重力子は繰り込み不可能な理論——こちらは、とても理論と呼べるものではない——に至ってしまうのである。

光子は電荷に反応するが、光子そのものは電荷を帯びていない。たとえば、水素原子内の電子は電荷を帯びており、あるエネルギー準位から別の準位に移るとき、電子は光子を1個放出

する。わたしが光子は電荷に反応するというのはこういう意味である。光子そのものは電荷を帯びていないというのは、光は電気を通さないというのと同じだ。もしも光子が電気を通すなら、長時間日光に当たっていたものに触れると感電してしまうだろう。光子は電荷にしか反応しないので、光子同士が互いに反応することはない。

重力子は電荷には反応しないが、質量とエネルギーに反応する。重力子はエネルギーを持っているので、重力子同士は反応しあう。互いに重力を及ぼしあうわけだ。こう聞いても、別にたいした問題ではないだろうと思われるかもしれない。しかし、次のような理由で大変な問題が生じてしまう。量子力学によれば、重力子は粒子であると同時に波でもある。粒子とは、点のような物体だと仮定されている。点のような重力子は、他の物体が近づけば近づくほど強い重力を及ぼす。1個の重力子が作る重力場は、見方を変えれば、その重力子が放出した多数の重力子と解釈することができる。これらの重力子すべてを追跡し続けるために、もともとの重力子を母重力子と呼び、また、母重力子が放出した重力子を娘重力子と呼ぶことにしよう。母重力子に近い重力場は非常に強い。これは、その部分にある娘重力子は膨大なエネルギーと運動量を持っているということを意味する。これは不確定性理論の関係式からの帰結だ——すなわち、これらの娘重力子は、母重力子からきわめて短い距離 $\mathit{\Delta} x$ の範囲内に存在するので、その運動量は、$\mathit{\Delta} p \times \mathit{\Delta} x \geq h/4\pi$ の関係を満たすような大きな不確定性 $\mathit{\Delta} p$ を持っていることになる。だが厄介なことに、重力子は運動量にも反応する。したがって娘重力子たちもまた重力子を放出する。こうして、事態は収拾がつかなくなっていく——もはや、これらすべての重力子の効果を追跡し続けるのは不可能である。

実は、電子の周辺でもこれと似たようなことが起こる。電子にごく近いところで電場を刺激すると、電子は大きな運動量を持った光子をたくさん放出する。ついさっき、光子は他の光子を放出しないと学んだばかりなのだし、そんなことは何の害にもならないだろうと思われるかもしれない。だが実は、光子は電子と反電子に分裂することがあるという問題があるのだ。こうして生じた電子と反電子は、さらに多くの光子を放出する。これは大変だ！しかしありがたいことに、電子と光子の場合は、次々と生み出される大量の粒子すべてをちゃんと追跡することができるのである。電子とそれを雲のように取り巻く夥しい数の電子・反電子対を指して、「ドレスをまとった電子」と言うことがある。お取り巻きの粒子たちは、専門用語では「仮想粒子」と呼ばれている。繰り込みとは、これらの仮想粒子すべてを追跡する数学的手法のことだ。繰り込みの要は、1個の電子そのものは無限の電荷と無限の質量を持っているとしても、ひとたび仮想粒子のドレスをまとえば、その電荷と質量は有限になるということにあるのである。
　重力子が厄介なのは、重力子を取り囲む仮想重力子の雲を繰り込むことができないからだ。重力の理論である一般相対性理論は、繰り込み不可能と言われている。なにやら門外漢にはわからない専門的な問題だと思われるかもしれない。わたしたちがこの問題に正しく取り組んでいないだけだという可能性もわずかながらある。さらに、これよりもっとわずかだろうが、超重力理論という、一般相対性理論の親戚にあたる理論の1つ――そのような理論の中でも特に対称性が高いもの――が、繰り込み可能である可能性もないわけではない。だがわたしは、ほとんどの弦理論研究者と同様に、量子力学と重力を融合させることには本質的な難しさがあるに違いないと感じている。

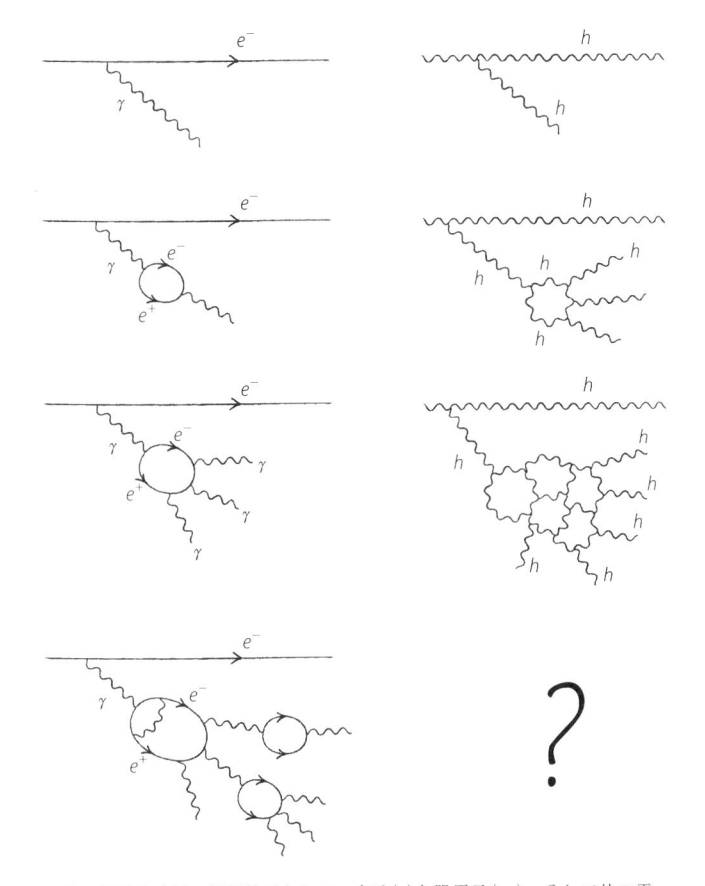

左：電子(e^-)は、仮想粒子として、光子(γ)と陽電子(e^+)、そして他の電子を、周囲に生み出す。これらの仮想粒子は連鎖反応的に増えていくが、増え方は比較的ゆっくりしているので、繰り込みを使って数学的に追跡することができる。右：重力子(h)は夥しい数の仮想重力子をものすごい勢いで生み出すので、これらの粒子を追跡することはできない。

　ここで弦理論の出番である。出発点として、粒子は点のようなものではないと仮定する。さまざまな粒子は弦が持つさまざまな振動モードだとするのだ。弦は無限に細いが、ある程度の長さを持っている。だがその長さはものすごく短い。弦理論の標準的な考え方では、約 10^{-34} m とされている。さて、これら

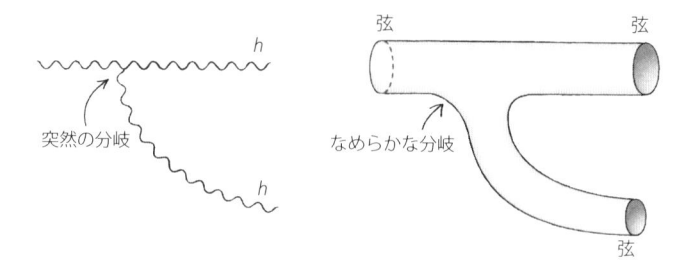

重力子(h)は突然分岐する。一方、弦の分岐は、時空のある程度の広がりにわたって起こるので、それほど激しい現象にはならない。

の弦は、重力子と同じように弦同士で力を及ぼしあう。これを聞いてみなさんは、重力子のときと同じように、仮想粒子の雲——もとい、仮想弦の雲——という手のつけようもない難問がまたもちあがるのかと心配されるかもしれない。しかしありがたいことに、弦は点とは違うおかげで、この問題は弦の場合にはそもそも生じないのだ。重力にまつわる困難はすべて、点粒子が無限に小さいと仮定されている——「点粒子」という名称もここから来ているわけだ——ことに起因する。重力子の代わりに振動する弦を登場させると、これらの弦同士は問題なく理に適った相互作用をすることができるのだ。この合理性はたとえば、重力子と弦の、分裂の仕方の違いにも現れている。重力子が2つに分裂するときには、分裂がどの瞬間どの場所で起こったかを特定することができる。一方、弦が2つに分裂するときは、まるで1本のパイプが枝分かれするかのように見えるのだ。パイプが分裂する場所では、パイプの表面のどこにも破れは生じない。分裂によってできるY字型は、なめらかで傷や切れ目のない一片のパイプであり、ただ形が普通ではないだけのことだ。つまり、粒子の分裂に比べれば、弦の分裂ははるかに穏やかな出来事なのである。物理学者たちはこのことを、弦の相互作用は本質的に「ソフトである」と言い、それに対して

粒子の相互作用は本質的に「ハードである」と表現する。このソフトさのおかげで、弦理論は一般相対性理論よりも「お行儀よく」振舞い、量子力学の処理にもより素直に従うのである。

時空の中の弦

　振動するピアノの弦について先に議論した内容を、手短におさらいしておこう。ピアノの弦を2本の調律ペグの間にピンと張って弾くと、弦はある決まった振動数で振動する。振動数とは1秒間における振動の回数だ。ピアノの弦には、この他に倍音の振動もある。倍音は、弦の基本振動数に調和して響く高い音で、これが混じることでピアノ独特の音色が生まれる。水素原子内の電子の振舞いを説明するのに、わたしはこのようなピアノの弦の振動を比喩として使った——水素原子内の電子にも、それが優先的に選択する、最低エネルギーに対応するような基本の振動モードがあり、また、より高いエネルギーに対応する他の多数の振動モードも存在する、と。この比喩は、みなさんにはあまりぴんと来なかったかもしれない。「水素原子内の電子が、引っ張られた弦に生じる定常波といったい何の関係があるんですか？むしろ電子とは、原子核の周りを回転している粒子——つまり、ものすごく小さな太陽の周囲を回転している無限に小さな小惑星のようなものですよね。そうでしょう？」うーん、それは半分正しく、半分間違っている。量子力学によれば、粒子の描像と波動の描像は深く関係しあっていて、陽子の周りにおける電子の量子力学的運動は実際に定常波として記述できるのだ。

　弦理論の弦は、もっと直接的にピアノの弦になぞらえることができる。さまざまな種類の弦を区別するために、弦理論の弦を「相対論的弦」と呼ぶことにしよう。この呼び名は、この後

すぐに論ずる、「弦は特殊・一般の両相対性理論を包含する」という深い洞察を先取りしたものだ。だがさしあたっては、ピンと張られたピアノの弦にできるかぎりなぞらえて、弦理論の構造をご説明したい。相対論的弦は、Dブレーンという物体の上に端を乗せて、そこで終わることが許されている。弦の相互作用の効果を抑えつけると、Dブレーンは無限に重くなる。Dブレーンについては次の章でもっと詳しく議論するが、今のところはあくまでも理解を助けるための補助的なものとして扱う。最も単純なDブレーンはD0ブレーンで、普通「ディーゼロブレーン」と読まれる。D0ブレーンは点粒子だ。点粒子がまたもや話に登場したものだから、みなさんは戸惑っておられるかもしれない。「弦理論は点粒子なしで済ますためのものじゃなかったんですか？」と。実際のところはたしかに、しばらくの間は点粒子なしで進んだのだが、1990年代中ごろになって点粒子は復活し、そのとき同時に、その他諸々の脈絡のなさそうなものが登場した。おっと、やや先走ってしまったようだ。ここでわたしがやりたいのは、ピアノの調律ペグに喩えて弦理論を説明することだが、D0ブレーンもこれにたいへんうまくはまるので、ついこれを導入したくてたまらなくなったのだ。そこで、ピアノの弦を2本の調律ペグの間に張ったときと同じように、1本の相対論的弦を2つのD0ブレーンの間にピンと張ろう。D0ブレーンは何にも固定されていないが、無限に重いので動いたりしない。なんとも奇妙なしろものである。D0ブレーンについては次の章でさらにご説明する。ここでお話ししたいのは、ピンと張られた弦のほうについてだ。

　張られた弦の最低エネルギー状態には振動は存在しない。失礼、振動はほとんど存在しないと言いなおそう。量子力学的な微小揺らぎは常に存在しており、さらにこの微小振動が実際重

要な役割を担っていることがこのすぐ後でわかるからだ。基底状態とは何かを正しく説明すると、それは量子力学で許される最小の振動エネルギーを持っている状態である。相対論的弦はさらに、基本振動数で振動しているときであれ、ある倍音で振動しているときであれ、複数の励起状態を持っていて、ピアノの弦とまったく同じように、同時に複数の異なる振動数で振動することができる。しかし、水素原子内の電子が好き勝手に運動できないのと同じように、相対論的弦も好き勝手に振動することはできない。電子は、互いに有限のエネルギー幅で隔てられた一連のエネルギー準位のどれかを選ばねばならない。同様に、弦も一連の振動状態のなかからどれかを選ばねばならない。振動状態はそれぞれ異なるエネルギーを持っている。だが、エネルギーと質量には $E = mc^2$ という関係があるので、弦の異なる振動状態は異なる質量を持っていることになる。

　弦の振動数とそのエネルギーとの間に、光子の振動数とエネルギーの $E = h\nu$ のような単純な関係があると、ここでみなさんにお話できたらいいのだが。これに近いことが起こってはいるのだが、残念ながら事はそれほど単純ではない。弦の総質量は、いくつかの異なる成分からなっている。まず、弦の静止質量がある。弦が2つのD0ブレーンの間でピンと張られていることによって生じる質量だ。次に、それぞれの倍音が持っている振動エネルギーがある。$E = mc^2$ によればエネルギーは質量なので、これも弦の質量に寄与する。最後に、量子力学的不確定性によって生じる最小の振動から来る質量がある。この量子揺らぎからの寄与は、「ゼロ点エネルギー」と呼ばれている。「ゼロ点」という言葉が使われているのは、この量子論的寄与はなくすことはできないという意味である。そして、ゼロ点エネルギーの質量への寄与は**負**だ。これは妙だ。実に妙だ。どれ

弦
D0　　　　　　　　　　　　　　　　　　　　D0

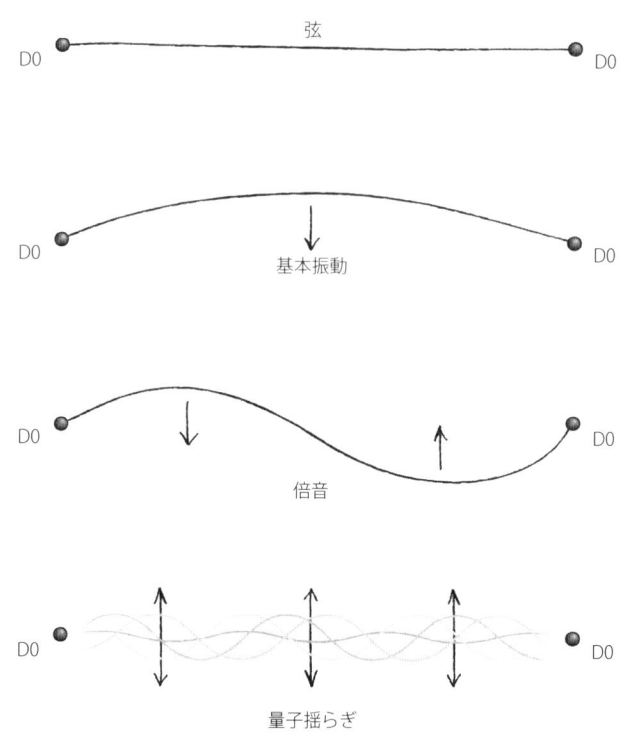

D0　　　　　　　　　　　　　　　　　　　　D0
基本振動

D0　　　　　　　　　　　　　　　　　　　　D0
倍音

D0　　　　　　　　　　　　　　　　　　　　D0
量子揺らぎ

2つのD0ブレーンの間に張られた弦の運動

だけ妙かを理解するには、次のように考えてみればいい。弦の1つの振動モードだけに注目するとすれば、ゼロ点エネルギーは正だ。それより高い倍音がいくつも存在するが、これらはゼロ点エネルギーにさらに大きな正の寄与をする。ところが、これら全部を適切な方法で足し合わせると、負の数値となるのだ。これでもまだ大したことではないとおっしゃるのなら、もっと悪いニュースをお知らせしよう。先ほどゼロ点エネルギーの質量に対する寄与は負だと言ったとき、わたしは少し嘘をついていた。静止質量、振動エネルギー、ゼロ点エネルギーという3つの効果すべてを足し合わせると、総質量の2乗となる。した

がって、ゼロ点エネルギーが3つのうち最大となると、質量の2乗が負になる。すると、質量は$\sqrt{-1}$のような**虚数**となるのである。

　みなさんがそんな話は全部たわごとだと片づけてしまわないうちに、急いで付け加えさせていただきたい。弦理論のかなりの部分が、わたしが直前の段落でご説明した「虚数の質量」という厄介な問題を解決できるようにと構築されているのである。この問題は、「相対論的弦は、量子論的に許される最低エネルギーの状態では質量の2乗が負である」と要約することができる。このような状態にある弦はタキオンと呼ばれている。そう、「スタートレック」で2話に1度ほどの頻度で登場するあのタキオンと同じものだ。弦理論ではタキオンはまちがいなく厄介者である。先ほどお話しした、2つのD0ブレーンの間に弦をピンと張ったという状況では、2つのD0ブレーンを十分遠く離して、弦をピンと張っていることで生じる質量への寄与が量子揺らぎによる寄与よりも大きくなるようにすれば、タキオンが出てこないようにできる。しかし、付近にD0ブレーンがまったく存在しなくても弦は存在しうる。弦は何かの上に端を乗せてそこで終わらなくても、自分の両端をくっつけて閉じることもできる。このような場合、弦は少しも張られてはいない。それでも弦は振動できるが、振動しなければならないわけではない。弦が絶対にせねばならないのは、量子力学的に揺らぐことだけだ。すると、前の議論と同じように、量子揺らぎのゼロ点エネルギーのせいで弦の質量が虚数になり、弦はタキオンになってしまう。これは弦理論にとっては由々しき問題だ。最近では、このタキオンを一種の不安定さだと解釈する人々も出てきた。尖った芯を一番下の支えとしてその上にバランスを取って立っている鉛筆のような不安定な状態だというのだ。根気強

くてしかも器用な人なら、そんなふうに鉛筆をバランスさせて立たせることができるかもしれない。しかし、そよ風が当たっただけで倒れてしまうだろう。タキオンが出てくる弦理論は、尖った芯の上にバランスを取って逆立ちしながら空間全体に分布している100万本の鉛筆の運動に関する理論のようなものなのだ。

　しかし、困ったことばかり書くのはやめよう。タキオンの危機を救う方法がある。弦の基底状態は、質量の2乗が負、すなわち $m^2<0$ のタキオンだと認めることにしよう。振動エネルギーが m^2 に正の寄与をするので、m^2 は絶対値がその分だけ小さな負の数になって、ゼロに近づく。実際、うまく処理すれば量子力学で許される振動エネルギーの最小増加分だけで m はちょうど0になる。これは素晴らしい。というのも、わたしたちも知っているとおり、自然界には質量のない粒子が存在するからだ——光子と、重力子だ。したがって、弦が世界を正しく記述するものならば、質量のない弦が存在するはずなのだ——もっと厳密に言えば、質量がゼロであるような、弦の量子振動状態が存在するはずなのである。

　「うまく処理すれば」と言ったが、これはいったいどういう意味だろうと、みなさんは思っておられるに違いない。それは、「26次元の時空を持ち込めば」という意味だ。そろそろこういう浮世離れした数学が出てくるころだろうとみなさんも薄々感じておられただろうから、お詫びを申し上げたりはしない。26次元を支持する議論はいくつかあるが、ほとんどのものは数学的に過ぎるので、申し訳ないがわたしには、みなさんに納得していただけるような説明はできない。わたしがこれからご披露しようとしている議論は、次のような点を中核としたものだ。まず、ここでわたしたちが欲しいと思っているのは、弦の状態

で質量がゼロのものだということ。また、ゼロ点量子揺らぎがあって、これが m^2 を負の方向に押しているということ。それに、多数の振動モードがあって、これらは m^2 を逆に正の方向に押しているということ。振動エネルギーの最小値は、時空の次元には依存しない。ところがゼロ点量子揺らぎは、時空の次元に依存する。これは、このように考えるといい。何かが振動するとき、それはピアノの弦のように、ある決まった方向に振動する。ピアノの弦は弾かれた方向に振動する。グランドピアノの場合、それは上下であって左右ではない。振動は1つの方向を選択し、それ以外の方向はすべて無視する。これとは対照的に、ゼロ点量子揺らぎは可能なすべての方向に振動する。新たに次元を1つ加えるたびに、量子揺らぎは振動できる方向をまた1つ獲得する。方向が増えればそれだけゼロ点揺らぎも増えて、m^2 に加わる負の数がそれだけ大きくなる。こうなると、残る疑問はただ1つ、多数の振動と、小さくすることはできないゼロ点量子揺らぎを、どのようにバランスさせるのかということだけとなる。これは計算の問題だ。計算してみると、振動の極小値は26次元のときの量子揺らぎとちょうど打ち消しあうことがわかり、これがわたしたちが望んでいた質量ゼロの弦の状態だということになる。26次元だなんて、何て厄介な、と思われるかもしれないが、前向きに考えよう。26.5次元だったかもしれないのだから。

　弦の振動とゼロ点量子揺らぎの違いがよくわからなくても、がっかりすることはない。この2つは実際よく似ている。唯一の違いは、振動は選択可能だがゼロ点量子揺らぎは強制的で逃れられないという点だ。ゼロ点揺らぎは不確定性原理によって要求される振動の極小値である。これに加えてさらに複数の振動が存在しても、量子力学的には何ら問題ない。振動を弦に特

タキオン　　　　光子　　　　　　重力子

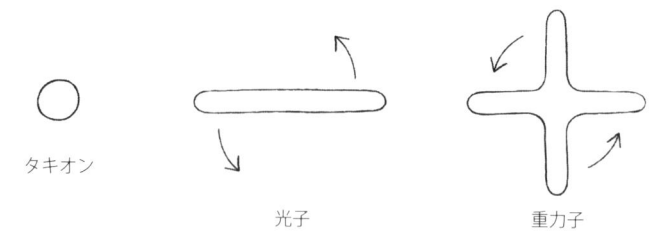

1本の弦が、それぞれタキオン、光子、重力子として振舞う量子状態の模式図

徴的な形——円形、四葉のクローバー形、折りたたまれて自転している、など——を与えるものと考えると、わたしとしてはわかりやすい。これらの異なる形は、異なる粒子に対応すると考えられている。しかし、実のところ、振動する弦の形を論ずるのは不正確である。なぜなら、すべての振動は量子力学的な振動だからだ。「1本の弦の異なる振動の量子モードは異なる粒子に対応する」と言ったほうがいいだろう。弦の形というのは、これらの量子振動が持つ性質のいくつかを視覚化するのを助けてくれるイメージに過ぎないのだ。

　まとめると、良い知らせ、悪い知らせ、そしてもっと悪い知らせを、わたしたちは受け取ったということになる。弦は振動モードを持っており、光子や重力子のように振舞うことが可能である。これは良い知らせだ。弦はそのような振舞いを26次元の中でしかできない。これは悪い知らせだ。さらに、虚数の質量を持つ弦の振動モード、タキオンが存在する。これは、この理論全体が不安定であることを示唆している。これ以上に悪い知らせはそうざらにはないだろう。

　超弦理論はタキオンの問題を解決し、次元の数を26から10に減らしてくれる。さらに、弦が電子のように振舞えるような振動モードを新たにもたらしてくれる。そう、これはなかなか

いい理論だ。あとは次元をさらに4つにまで減らしてくれる超超弦理論があれば、わたしたちにも仕事ができるのになあ。これは半分冗談だが、半分は本気である。実際、一種の超超弦理論がすでに存在しており、専門用語では、「拡張された局所超対称性を持つ弦理論」と呼ばれている。この理論では、次元は4つにまで減らされる。だが残念なことに、これらの次元はペアとして登場するので、「空間4次元のみで時間の次元は無し」か、「空間2次元と時間2次元」かのいずれかとなる。これはよろしくない。わたしたちに必要なのは、空間3次元と時間1次元だ。超弦理論が要求する10次元のうち、9つは空間の次元で残る1つが時間の次元である。超弦理論を世界と関連づけるには、9つの空間次元のうち、6つを何とかして捨て去らなければならない。

　超弦についてみなさんにお話ししたいことはたくさんあるが、そのほとんどは後の章までお預けにせざるをえない。ここではひとまず、超弦理論においてタキオンの問題がどのように解決されるかというあらすじを説明させていただきたい。超弦の揺らぎは、時空の中で起こるだけではなく、そのほかにもっと抽象的なかたちでも生じる。超弦で新たに登場するこれらの新しい種類の揺らぎは、タキオンの問題を途中まで解決してくれるが、完全に解決するわけではない。質量の2乗が負になる振動モードがなおも存在するのである。この問題を解決する鍵は、光子や電子、その他、試してみたいほかの粒子を表す振動モードを出発点とすると、これらの粒子をどのように衝突させようとも、タキオンは決して生じないということにある。これでも、話全体が危ういバランスをかろうじて保っているという印象は変わらない。だが、ここでは特別な対称性があって、それがバランスを保つのを助けてくれるのである。その対称性は超対称

性と呼ばれている。物理学者たちは、今後数年のうちに超対称性の証拠を発見したいと願っている。これが発見されたなら、わたしたちの多くは、それで超弦理論が確認されたと思うだろう。これについては第7章でさらに論じる。

弦から生じる時空

　ここまでわたしは、時空の中で振動したり揺らいだりしている弦についていろいろとお話ししてきた。ひとつこのへんで一歩前に戻って、「そもそも空間とは何なのだろう？そもそも時間とは何なのだろう？」と問いかけてみよう。空間についてのひとつの考え方は、空間は空間の中に存在する物体を通してしか意味を持たないというものである。このとき空間が記述するのは物体間の距離だ。そして、時間についての同様の考え方は、時間はそれ自体としては意味はなく、出来事が順番に起こるのを記述するだけだというものだ。この考え方がどういうことかをもっと明確にするために、AとBという1対の粒子を考えよう。A、Bそれぞれがある軌跡を描いて時空のなかを運動し、軌道が交差する場合はそこで衝突するというのが普通のとらえ方だ。これで何も間違っていないのかもしれない。しかし、これらの粒子が存在しなければ空間も時間も何の意味も持たないという、これとは違った考え方をしてみよう。これはどういうことだろう？こういうことだ。粒子Aの位置を時間の関数として表すことによって、Aの軌跡を記述することができる。Bについても同じだ。このようなことができるのなら、空間も時間も、さまざまな粒子の位置の変化として表されるものに過ぎないと考えることもできるのではないか。このような立場でも、粒子同士が衝突したならそれをちゃんと捉えることはできる。なぜなら、衝突したとき2つの粒子は位置と時間が同じだった

はずだからだ。

　この説明ではあまりに抽象的だと思われるかもしれないので、粒子はGPSと時計を備えたレーシングカーだと考えてみよう。GPSはそれぞれのレーシングカーがどこにいるかを毎秒記録するものとしよう。GPSの記録を調べると、どんなことがわかるだろう？　こういうふうに考えてみるといい。ここでは、すべてのレーシングカーが1つのサーキットを走るものとしよう。GPSの記録を見てまず気づくのは、レーシングカーはどれも、ある決まった距離を走るたびに同じ場所に戻ってくるということだろう。この距離はサーキットの周の長さだ。そこであなたは、「ああそうか！　レーシングカーはみんな円形のサーキットを走ってるんだ」とつぶやくだろう。次にあなたは、レーシングカーはみな、スピードを上げたり落としたりをひっきりなしに繰り返していることに気づくかもしれない。しばらく頭を悩ませた後、「このサーキット、実は円形じゃなかったんだ」と気づくだろう。このサーキットは、車が速度を落とさねばならないカーブと、スピードを上げて走ることのできる直線とでできているのだ。あなたはさらに、記録されているすべての車は同じ向きに走っていることに気づくかもしれない。ここから、このサーキットではどの車も同じ向きに走らねばならないというルールがあるのだという正しい結論を、あなたは引き出すだろう。最後に、レーシングカー同士はたびたび衝突寸前まで接近するが、実際に衝突することはめったにないことにも気づくだろう。以上のことからあなたは、自動車レースの目標のひとつは衝突しないことだと推論するかもしれない。

　要するに、何台ものレーシングカーのGPS記録を見てあれこれ推理するだけで、サーキットとはどのようなもので、そこで車を走らせるのにどんなルールがあるかについて、かなりの

ことを明らかにできるのだ。実際のレースを見ればもっと簡単にわかることを、わざわざ面倒な方法で発見するなんて、ばかげた話と思われるかもしれない。だが実際には、レースをその場で観戦することは、きわめて込み入った活動なのだ。あなたは、コースのどこかの脇に位置する観客席に座っている——これだけでももう、サーキットは時空のすべてではありえないことがわかる。レースを見ているということは、光子がレーシングカーから跳ね返ってあなたの目の中に入っているということであり、そこにはたくさんの物理法則が関与している。それに比べると、「すべての車が毎秒どこにいたかについてのGPSの記録には、サーキットで何が起こったかに関する重要な情報が含まれている」というのははるかにシンプルだ。このような記録を手にしたなら、観客席にいる観察者やあちこち動き回っている光子などのややこしいことについて問う必要はなくなる。サーキットの外側に何か存在するのかと問う必要はなくなるのだ——実のところ、そのような問いに意味はなくなってしまう。サーキットが存在すると仮定する必要すらなくなる。仮定しなくても、レーシングカーがどのように運動したかの記録を調べれば、サーキットが存在するという事実と、サーキットが持つ性質の一部を導き出すことができるのだ。

　弦理論の研究も、かなりの部分でこのように進められている。弦が運動したり相互作用したりする様子から、時空のさまざまな性質が導き出される。この手法は「世界面」弦理論と呼ばれている。世界面は、1本の弦がどのように運動したかを記録する方法のひとつだ。1台のレーシングカーがサーキットのどの地点にいるかを毎秒記録したGPSデータのようなものである。だが、2つの理由で世界面はこれよりもっと複雑だ。1つめ：弦は長くてくねくねしているので、弦がどこにあるかをはっき

りさせるには、弦のすべての部分がどこにあるかを述べなければならない。2つめ：つい今しがたおさらいしたように、弦は普通26次元、もしくは少なくとも10次元に棲息している。そしてこれらの次元は、何らか複雑な方法で湾曲したり巻き上がったりしているかもしれないのだ。サーキットでレーシングカーを見るときのように「どこかの脇に立って」、時空の幾何学を「見る」など、普通は不可能だ。意味のある問いは、弦がどのように運動し相互作用するかによって表現できるものだけになる。時空そのものでさえも、世界面を使う手法では、固定された舞台ではなく、ただ単に弦が経験するものとなってしまう。

　弦の世界面は「面」だ。この「面」をある線に沿って切断すると、その断面として曲線が得られ、その曲線は弦であるはずだ。ここで、世界面をいろいろな線で切断することは、1台の車のGPS記録をいろいろな瞬間について調べるのと似ている。時空の中で弦がどのように運動するかを述べるには、世界面の各点が、時間の流れの中のどの瞬間に空間内のどの点に対応するかを特定しなければならない。これは、世界面に膨大な数のラベルを貼るようなものだと考えられる。世界面をある線に沿って切断すると、その断面として得られた曲線にはこのラベルが依然として張り付いたままで、この曲線は自分が空間の中でどのような形になるべきかを「知っている」。世界面そのものは、ある1本の弦が時空の中で運動しながらなぞっていく面なのだ。

　世界面にラベルを付けるという表現でわたしが何を意味しているかを理解していただくには、地形の凹凸が表現された立体地図(略して「トポ図」と呼ぶこともある。トポとは「凹凸の」という意味だ)について考えていただくのがいい。トポ図には、等高線が何本も引かれており、それぞれに高さを示すラベルとして

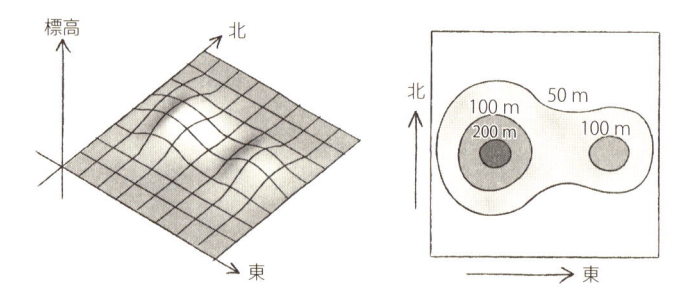

左：窪地で隔てられた2つの丘。右：左図の丘を等高線表示したもの。高さが一定の線が示され、ラベルが付けられている。

数字が添えられている——数字が多くなりすぎて読みづらいときは、5本に1本の割合で添えることもある。さて、立体地図そのものは、完全に平らな1枚の紙だ。しかし、立体地図が表している地形はきわめて起伏が激しいこともある。

　弦の世界面についてのひとつの考え方は、世界面を、時空の中で弦がどのように動くはずかを描いた立体地図ととらえるものだ。しかしその一方で、存在するのは弦の世界面だけであり、時空は世界面に添えられたラベルの集まりに過ぎないという見方もできる。普通の立体地図では、ラベルは高さであり、ラベルを集めたものは地球の表面で可能な高さの範囲を示すだけだ。海底を除けば、だいたい−400 m から 8800 m の範囲内にある。世界面弦理論では、それぞれの標識は 26 次元（超弦の場合は 10 次元）のなかの位置を特定する。26 の次元の中には、サーキットと同じように、ぐるりと湾曲して自分自身にくっついて閉じているものもある。重要なのは、立体地図に高さのラベルを付けることによって高さが「生まれる」のと同じように、世界面にどのようなラベルを与えるかで時空の概念が生まれるということだ。

　さて、ここまでの説明を要約し、世界面弦理論の最も華々し

く有用な特徴をご紹介しよう。普通わたしたちは、時空の中で弦が振動していると考える。しかし、空間と時間は絶対的な概念である必要はない。そのほうがありがたいのだ——なぜならその場合、時空の外側にある動力学的原理が時空の形を変化させうるからだ。そしてたまたま、弦理論ではそのようになっている——すなわちそこでは、空間と時間は絶対的な概念ではないのである。世界面にもとづく弦理論へのアプローチでは、時空とは、弦がどのように運動するかの記述の中で許されているラベルの一覧表に過ぎない。量子力学的に扱うと、これらのラベルは少し揺らぐ。さて、ほんとうに華々しい特徴はここからだ。このような量子揺らぎを追跡し続けることができるのは、時空が一般相対性理論の方程式に従うときだけであることがわかっている。一般相対性理論は、現代の重力理論だ。よって、量子力学に世界面弦理論を足し合わせたものは重力を含んでいるのである。なかなかすごいではないか。

　弦の世界面に記された時空ラベルの量子揺らぎをどのように「追跡」するのかを説明しようとすると、あまりに専門的な領域に入らざるをえない。しかし、レーシングカーの比喩との次のような接点は、直感的に理解するのを助けてくれるだろう。覚えておられると思うが、レーシングカーがサーキットの特定の部分を走るときには減速し、その他の部分では加速することに気づいて、サーキットには直線部分とカーブとがあるとみなさんは推測されるかもしれないと先に申し上げた。そう、サーキットには絶対にないと言ってもほぼ間違いないのが、急激に極端な方向転換をしなければならないようなコーナーだ。その理由は、どの車もそんなコーナーでは必ず止まらなければならず、それでは面白くないし、自動車レースの精神にも反するからだ。これと同じように、一般相対性理論の方程式は、時空の

湾曲が極端に急峻になった点——普通、特異点と呼ばれている——の存在を、ほとんど完全に禁止している。「ほとんど」とお断りしているのは、ブラックホールの地平面の向こう側では特異点の存在が許されるからだ。時空に特異点が存在しないことは、だいたいにおいて、サーキットにあまりに急なカーブが存在しないのと似たようなことだと理解できる。レーシングカーが止まらずに急カーブをびゅんと回ることができないのと同じく、弦はたいていの特異点を通過することはできない。だが、いくつか例外がある。弦理論における魅力的かつ大きなテーマとなっているのは、存在が許されている特異点の種類を理解することだ。このような特異点は普通、一般相対性理論では理解できない。そこで実は弦理論では、相対性理論よりもいくらか多様な時空の幾何学も許容されている。そしてそのような幾何学は、実は次章でお目にかかる、ブレーンに関係していることがわかっている。

第5章

ブレーン

　1989年、ハイスクールのジュニアイヤー(訳注:ジュニアは11年生で、最高学年シニアの1つ下)を終えて、わたしは物理キャンプに参加した。プログラムの一環として、弦理論についての講演を聞いた。話が半分ぐらい進んだところで、参加していた他の学生たちの1人が鋭い質問をした。彼は、「どうして弦で終わりにするんですか？ シート、つまり、膜とか、3次元の立体をした量子的な塊も研究すればいいじゃないですか？」と(いうようなことを)言った。講師の答えはおおむね、弦の段階ですでにもう十分難しくて十分いろいろなことができるようだし、しかも、弦は膜や立体にはない特別な性質があるようだからというものだった。

　さて、話は6年ほど先に進み、1995年のことである。弦理論研究者のコミュニティー全体がDブレーンの登場で騒然となった。Dブレーンは、1989年にあの鋭い学生が求めた、まさにそのとおりのものだ。弦理論で扱われるDブレーンはどんな次元をも取りうる。この章では主に、Dブレーンとその驚くべき性質について論じる。はじめに、1990年代中ごろに一連の新しい考え方が登場して弦理論の分野全体を席巻した、第二次超弦革命と呼ばれる出来事について、手短に説明しよう。

そして、Dブレーンとは何かをもっと正確にお話しし、さらに対称性という概念について、またそれがDブレーンとどのように関係しているかについて論じよう。次に、Dブレーンとブラックホールとの関係について述べ、そして最後に、弦理論に必要とされるものの、弦理論の中に完全に収まってはいない、M理論という11次元の理論について少しお話ししよう。

第二次超弦理論革命

　第4章でご説明した弦理論の概要は、1989年に弦理論研究者たちが理解していた内容に相当する。彼らはタキオンの危険、超弦の驚異的な性質、そして、弦と時空の関係を理解していた。もうひとつ彼らが理解していたことで、わたしがまだあまり触れていなかったのがコンパクト化だ。コンパクト化とは、弦理論で登場する6つの余剰次元を巻き上げて、空間の3次元と時間の1次元だけが残るようにするプロセスである。これで基本的な物理学の主だった構成要素はすべてそろったわけで、万事すこぶる順調に行っているとみえた。重力があった。光子があった。電子をはじめとする素粒子があった。あとはこれらの要素の相互作用がわかればだいたい終わりだと思われた。巧妙なコンパクト化を何通りか考え出せば、一連の素粒子が正しいかたちで導き出せそうだった——それらの素粒子のリストは、わたしがこれまでにお話しした範囲をはるかに超える広範なものである。ところが弦理論研究者たちは、現実の世界の中で観察されている物理現象を正確に導き出すような、ちょうどいいコンパクト化を考え出して「話にけりをつける」ことはできなかった。

　この時期を振り返って見ると、問題はもうひとつあった。来る日も来る日も朝から晩まで弦、弦、弦だった。弦の世界面に

ついては深い理解が得られていたが、まさにその理解の深さが、やがて第二次超弦理論革命へと発展したいくつかの可能性を見出す目を曇らせていたのではないだろうか。わたしが弦理論の分野に入ったのは第二次革命が始まって少し経ってからだったので、この頃の歴史を完全に正確に辿るのはわたしには難しい。だが、弦だけで話は終わりではなさそうだということを示唆する手がかりが、どんどんと見つかりだしていた。ブレーンについて詳しい議論を始める前にこれらの手がかりのいくつかをかいつまんでご紹介し、第二次超弦革命とはどのようなものだったかについて、概要をお伝えしておくのは有意義なことだろう。

　手がかりのひとつは、分裂や融合の現象が起これば起こるほど、弦同士の相互作用は制御しづらくなるということだった。分裂や融合の相互作用が強くなる場合にも弦理論を扱いやすくするためには、何か新しいものを加えなければならないのではないかと指摘する者もいた。そしてもうひとつの手がかりが、超重力理論から現れた。超重力とは、超弦理論の「低エネルギーの極限」である。「低エネルギーの極限」とは、超弦の振動モードのうち、最低エネルギーのものだけを残して他はすべて捨て去ってしまった状態のことだ。そのとき残されるのは重力子をはじめとするいくつかの素粒子で、これらの粒子の相互作用は、エネルギーが極端に大きくない限りはきわめて正確に理解されている。超重力理論には、弦理論による世界面の記述には現れていなかった驚異的な対称性がいくつか含まれていることが明らかになった。だとすると、世界面という描像は完全ではなかったということになりそうだった。さらに、とてもはっきりとした手がかりが、ブレーンの構築から出現した。ブレーンとは弦のようなものだが、任意の数の空間次元を持つことができる。弦は1ブレーンだ。点粒子は0ブレーン。どの瞬間を

0ブレーン

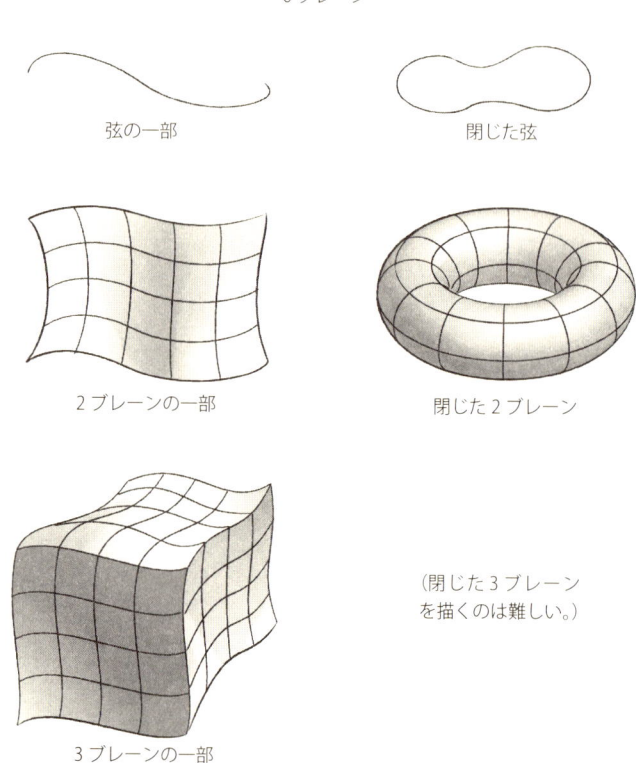

弦の一部

閉じた弦

2ブレーンの一部

閉じた2ブレーン

3ブレーンの一部

(閉じた3ブレーンを描くのは難しい。)

0ブレーン、弦、2ブレーン、3ブレーン。弦は自らにくっついて閉じた輪を作ることができる。2ブレーンは自らにくっついて、境界のない閉じた面を形成することができる。3ブレーンも同様のことができるが、その様子を描くのは難しい。

とっても面である膜は2ブレーン。そして、3ブレーン、4ブレーン、5ブレーン(なんと、5ブレーンには2種類ある!)、6ブレーン、7ブレーン、8ブレーン、9ブレーンが存在する。弦理論にこんなにたくさんの種類のブレーンが出てくることになったものだから、すべてが弦だけで理解できるはずあるまいという見方が広まりはじめた。そして決定的な手がかりが、11

次元超重力理論から出現した。11次元超重力理論は、超対称性と一般相対性理論という2つの考え方だけを使って作り上げられた理論である。この理論は、弦理論から生まれた超重力理論と結びついており、その結びつきは第二次超弦革命のずっと前から理解されていた。とはいえ、これが世界面弦理論と関係があるのかどうか、あるとしたらどんな関係なのかは見当もつかなかった。一番困ったのが、11次元超重力理論は量子力学を組み込んでおらず、そのため量子力学と重力は密接に結びついているという考えに慣れていた弦理論研究者たちからは疑いの目で見られたということだ。要するに、11次元超重力は、彼らが最も関心を抱いているものに近いけれども完全には辻褄の合わない、ひとつの謎だったのである。

1990年代中ごろ、これらの手がかりが突然ひとつの一貫性あるパターンにはまったことをきっかけに、この分野は2、3年という短い期間に劇的な変貌を遂げた。弦が重要だとの認識は変わらなかったが、さまざまな次元のブレーンも同様に重要だと考えられるようになったのだ。少なくともいくつかの状況においては、ブレーンは弦と対等のものとして扱われねばならなかった。それとは別に、ブレーンが零度のブラックホールとして記述できそうな状況もいくつかあった。11次元超重力も、これら一連の新しい考え方にうまく当てはまった。それどころか、11次元超重力はきわめて重要だととらえられるようになり、新たに「M理論」という名前を与えられた。もっと正確に言えば、その低エネルギー極限として11次元超重力を持つ一貫性ある量子理論は、すべてM理論である。悲しいことに、第二次超弦理論革命は、M理論とはほんとうのところ何なのかについて完全な説明を与えることなく終わってしまった。しかし、ブレーンが提供する新しいツールボックスを使えば、弦

理論を新しい角度から理解できることははっきりした。とりわけ大きな驚きだったのは、弦の相互作用が非常に強い場合は、弦でない新しい対象物（多くの場合ブレーン）を使うことによってその動力学をはるかに単純に記述できるという認識が得られたことだった。

　みなさんもお気づきのとおり、ここまでの話でわたしは第二次超弦革命のごく大ざっぱな説明しかしていない。この章の残りの部分と第6章のほとんどをあてて、これまでご紹介してきたさまざまな概念のいくつかをさらに展開することにする。出発点に最もふさわしいのは、Dブレーンである。

Dブレーンと対称性

　Dブレーンは、ある特別な種類のブレーンだ。Dブレーンは、「弦がその端を乗せることができる空間内の場所」と定義される。この単純な定義を発展させれば、Dブレーンがどのように運動し、どのように相互作用するかについて、驚くほど豊かな理解が得られるのだが、このことに気づくまでに長い時間がかかってしまった。Dブレーンは、弦はDブレーンの上に端を乗せることができるという仮定を出発点として計算できる明確な質量を持っている。この質量は、弦の相互作用が弱くなるにつれてどんどん大きくなる。ここで、有効な仮定として世界面弦理論で標準的に使われるのは、「弦の相互作用は非常に弱い」というものだ。だとすると、Dブレーンはあまりに重くなって動かすのが難しくなり、弦理論における動力学的な存在としての役割を果たしているとは考えにくくなる。第二次超弦革命の前に、この、相互作用は弱いはずだという仮定が広くなされていたことこそ、Dブレーンそのものが動力学的な存在なのだと気づくのに時間がかかった理由のひとつではない

かとわたしは考えている。

　前の章でD0ブレーンを紹介した。D0ブレーンは点粒子だ。そしてD1ブレーンは弦のようなものであり、空間の1次元に広がっている。端と端がつながって閉じた輪になることもある。おまけに、弦とまったく同じようにさまざまな動きができる。つまり振動することもできるし、量子揺らぎもするわけだ。Dpブレーンは空間のp次元に広がっている。26次元弦理論にも10次元超弦理論にもDpブレーンは登場する。第4章で説明したように、26次元弦理論には、一種の不安定性と解釈できるタキオンという虚数の質量を持った弦が存在することになってしまうという厄介な問題がある。26次元弦理論のDブレーンにもこれとよく似た不安定性があるが、10次元超弦理論にはそのような問題が存在しない。本書ではこれから先、主に超弦理論についてお話ししよう。

　Dブレーンの対称性を理解すれば、Dブレーンについて多くのことが理解できる。これまでわたしは対称性という言葉を勝手気ままに使ってきた。ひとつここで、物理学者たちが対称性という言葉で何を意味しているかを説明させていただきたい。円は対称的だ。正方形も対称的だ。だが円は正方形よりも対称性が高い。この主張が正しいことを、わたしはこう説明する。正方形は90度回転させても同じだ。一方、円はどれだけ回転させても同じである。したがって、円のほうが正方形よりも、同じに見える見方がたくさんある。対称性とはこういうことだ。何かを違う角度から見たり、違う方法で見たりしても、それがやはり同じであれば、それは対称性を持つのである。

　物理学者たちは(そして数学者たちも)、対称性を記述するもう少し抽象的な方法をこよなく愛している。それは群という概念、とりわけ対称群を中心とした記述法だ。たとえば円を右回りに

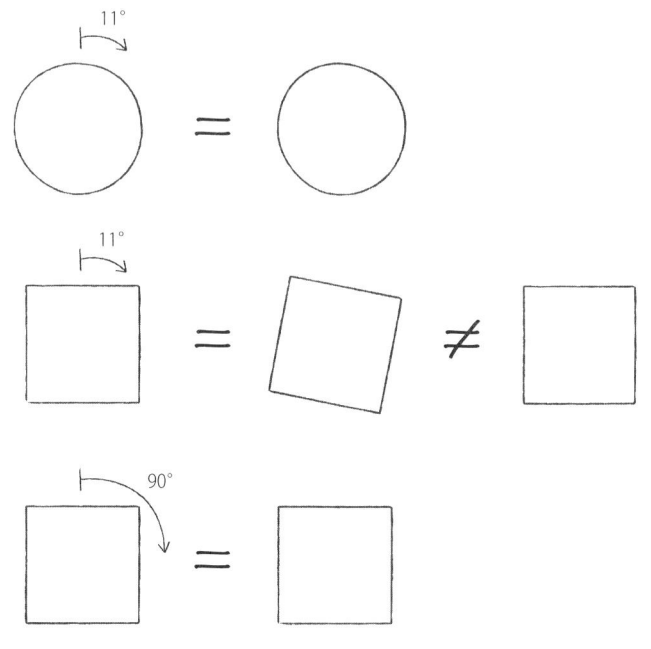

円は、どれだけの角度回転させようがまったく変化しない。正方形は、90度の回転では変化しないが、それ以外の角度で回転させると変化する。

90度回転させるとき、それはこの群のある「元（げん）」に対応する。それは90度回転という「元」だ。90度回転という概念を把握するのに、何も円について考える必要などない。このように考えればいい。右折という概念は誰もが理解しているはずだ。右折とは普通右まわりに90度回ることである。特定の交差点を持ち出さなくても右折について話すことはできる。また、左折は右折の逆だということもみんな理解しているはずだ。最初マンハッタンの8番街を北向きに進んでいたあなたが、右折して26番通りに入り、その後左折して6番街に入ったとすると、そのときあなたは最初と同じ北向きに進んでいる。もちろんすべてが同じではないことはわたしも認める。第一、さっきは8

番街を進んでいたのに今は6番街を進んでいるのだ。だが、あなたは進む向きだけを追跡しようとしていると仮定しよう。すると、ちょうど1足す-1はゼロになるように、1回の右折と1回の左折はきれいに打ち消しあうのである。

右折と左折について——それぞれ90度の回転だとして——、みなさんがご存知のことがもうひとつある。3回右折するのは1回左折するのと同じことだ。そして、4回右折すれば最初と同じ向きに進むことになる。これは数の足し算や引き算とはまったく違う。右折を1、左折を-1と考えよう。2回右折するときは1+1=2だ。2回右折してから1回左折するときは1+1-1=1で、1回右折するのと同じだ。ここまではいい。しかし4回右折すると、まったく向きを変えていないのと同じになって、ならば1+1+1+1=0ということのようだ。これはよくない。このように、右折左折の「算数」は普通の算数とは違う。数学の立場では、ある群について知るべきことは、その元を足し合わせたときにどうなるかだけである。うーん、この言い方は不正確だ。その群に属する元の「逆元(ぎゃくげん)」がどのように決まっているかも知らねばならない。右折の逆元は左折である。元が行うことはすべてその逆元がもとに戻してしまう。

この議論は、第4章で行った、弦から生じる時空についての議論とかなり似ている。第4章の議論では、弦の世界面を抽象的な面と考えることを出発点とした。そして次にわたしたちは、時空の中でどう動けばいいかを弦に教えたのだった。翻って今、わたしたちは、抽象的な元の集合としての群を考えている。次のステップは、これらの元が円、正方形、走る自動車などの具体的な対象物にどのように作用するかを決定することだ。

ここで申し上げておこう。正方形の対称群(正確に言うと、正方形の回転対称群)は、右折と左折を記述する対称群と同じなの

だ。右折とは90度回転を意味する。車を運転しているときには、右折には角を曲がるという意味もある。前進しながら回転するからだ。だが、先ほどお話ししたように、今わたしたちはどちらを向いているかだけを問題にしており、前進については無視している。向きだけが問題なら、車で右折するときの90度回転にしたってただの回転であり、交差点の真ん中で停車し、何か魔法めいた手段で車を回転させ、再び走り出すのと同じだ。わたしが言いたいのは、これらの90度回転は正方形の回転対称性を記述する回転とまったく同じだということである。円はどれだけの角度回転させようが見え方は変わらないので、円は正方形より対称性が高い。

　円よりもさらに対称性の高いものはあるだろうか？もちろんある。球だ。円をそれが描かれている平面から出るような向きに回転させると、見た目が同じではなくなるのは明らかだ。ところが球はどれだけ回転させようが同じように見える。したがって球は円よりも大きな対称群を持っている。

　さて、ここでDブレーンに戻ろう。10や26の次元をすべて把握し続けるのは難しいので、おなじみの4つの次元以外はすべて何らかの方法でなくしてしまったと想像することにしよう。D0ブレーンは球の対称性を持っている。また、わたしたちが今行っている議論のレベルでは、点粒子もすべて球の対称性を持っている。そのわけは何も難しいことではなく、点は球と同じようにどの角度から見ても同じに見えるからだ。D1ブレーンはさまざまな形を取りうるが、一番単純で思い描きやすいのは旗竿のようにまっすぐな形のものだ。この場合、D1ブレーンは円の対称性を持つ。納得のいかない方は、歩道からまっすぐ上に伸びているD1ブレーンを考えてみればいい。いや失礼、歩道の真ん中に立っている旗竿を考えてみればいい。旗

竿は重たすぎて、回転させることはできない。しかし、旗竿をいろいろな向きから見ることはできる。旗竿はどの角度から見ても同じに見える。歩道に描かれた円にも同じことが言える。この円を回転させることはできないが、どんな角度からでも見ることができ、しかもどの角度からもまったく同じように見える。

　対称性は同一性という概念をより精緻にしたものだ。と言うと、瞬く間につまらなくなっていくように感じられるかもしれない。「ああ、また科学につきものの精緻化、厳密化か」と思っておられるのではないだろうか？だが実のところ、対称性にはさらに２つ３つの精緻化があって、それによって話はますます面白くなってくるとわたしは思う。まず、ターンテーブルを思い浮かべていただきたい。（著者より若いみなさんのために申し上げると、ターンテーブルとはレコードプレーヤーの回転盤で、その上にレコードを載せて音を鳴らすものだ。）それがほんとうに良いターンテーブルで回転中に絶対にがたついたりしないなら、回転しているかいないかを、目で見るだけで判定するのは難しい。ではここで、１枚のレコードをその上に載せてみたとしよう。レコードの真ん中に貼ってあるラベルには何らかの文字が印刷されているものなので、今度は回転しているかどうかは見ればわかる。だがさしあたって、ラベルは無視することにしよう。レコード表面の溝はらせん形に彫られている。じっくりと見れば、レコードが回転しているときにはそのらせんが動いているのがわかる。どの溝も、ゆっくりゆっくり中心に向かって動いているように見える。レコードに針を載せると、針は溝に沿って中心に向かって動いていく。ターンテーブルにちょっかいして逆向きに回転させると、針はゆっくり外側へと動く。重要なのは、回転し続けることは静止していることとは違うというこ

とだ。これを理解するのに実はレコードは必要ない。回転運動がはっきりわかる場合にしろ、回転しているかどうかひと目ではっきりとはわからない場合にしろ、結局回転は見分けられることをわかりやすく説明するためにレコードを持ち出したに過ぎない。「ターンテーブルは回転し続けている」とだけ言ってもよかったのである。

　電子や光子などの粒子は常に回転している。物理学者たちは、この回転を独楽の回転になぞらえて「スピン」と呼んでいる。電子は、好きな向きにスピンすることができる。つまり、電子の回転軸は任意の向きを取りうるということだ。物理学者たちは普通、スピンする電子の回転軸を、その電子のスピンの向きと呼んでいる。この回転軸は時間が経過するにつれて変化することもあるが、それは電磁場の影響を受けているときだけだ。原子核も本質的には電子と同じようにスピンする。核磁気共鳴画像法(MRI)はこれを利用している。MRI装置は、強力な磁場を使って、患者の体内の水素原子が持つ陽子のスピンを整列させる。そこに電波を送ると、一部の陽子のスピン軸が傾く。これらのスピンは、元の整列状態に戻るときに新たに電波を放出する。この新たに放出された電波は、MRI装置が送り込んだ電波のエコー(訳注：反射波のことで、音なら「こだま」である。英語ではどちらもエコー(echo))のようなものと考えられる。技法をさまざまな面で洗練させ、長年の経験を積んで、物理学者や医師はこのエコーを「聞いて」、それが発生源の身体組織について何を語っているかを理解する方法を学んだのだ。

　光子もスピンするが、どんな向きでもスピンできるわけではない。光子の回転軸は光子の運動方向と一致していなければならないのだ。この制約は現代素粒子物理学の核心に関わっており、ゲージ対称性という新しい種類の対称性の帰結である。

「ゲージ」とは、ある測定体系、あるいは測定装置を指す。たとえばタイヤの圧力ゲージはタイヤの圧力を測定するための装置だし、散弾銃のゲージは銃の口径を表す数字だ。物理学では、あるものが数種類の異なる方法で記述でき、しかも、どれか1つの方法を他の方法より好む先験的な理由がないとき、どれか1つの記述方法を選択することをゲージという。ゲージ対称性とは、異なるゲージが等価であるという意味だ。ゲージもゲージ対称性も非常に抽象的な概念なので、先に進む前に、ごくありふれた事柄に喩えて考えておこう。先ほど、ターンテーブルは対称的なので回転しているかどうかを判別するのは難しいとお話しした。この状況を解消する便利な方法が、ターンテーブルの外周に白い修正液で小さな点を1つ付けることだ。修正液は外周のどこに付けてもかまわない。手前に付けようが向こう側に付けようが一向にかまわない。どこに付いていようと、その印の動きを見ればターンテーブルが回転しているかどうかはひと目でわかる。このとき印をどこに付けるかを選ぶことが、ゲージを選ぶことに相当し、どこに印を付けるかという決定の任意性がゲージ対称性に相当する。

　ゲージ対称性は、光子の量子力学的記述に重要な帰結を2つもたらしている。1つめは、ゲージ対称性は光子が質量を持たないことを保証しており、おかげで光子は常に光速で運動できるということ。そして2つめは、ゲージ対称性は光子のスピンを、常にその運動方向と一致するよう制約するということだ。この2つの制約がゲージ対称性からどのように導き出されるかを、場の量子論の数学を持ち出すことなしに説明するのはわたしには難しい。しかし、両者の間にある関係を説明することはできる。まず、質量とスピンの両方を持っている電子について考えよう。電子が静止しているとすると、「そのスピンは運動

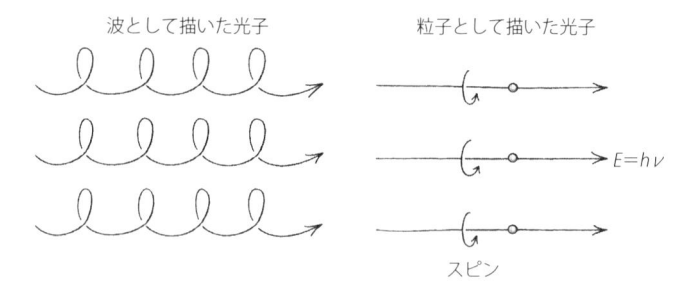

波として描いた光子と粒子として描いた光子。粒子として描いた場合、スピンの軸は光子の運動の向きと一致している。波として描いた場合、電場はらせん状になる。この図に描いたようにすべての光子のスピンが同じ向きをしているとき、その光は「円偏光」しているという。

の方向と一致していなければならない」と述べても、電子は運動していないのだからまったく意味をなさない。一方、光子は常に光速で運動していなければならないが、いずれかの方向に動くことなしに運動することはできない。したがって、光子のスピンをその運動の方向に一致するよう制約することは、少なくとも意味をなす。要するに、第二の制約（スピンの向きが運動方向と一致すること）が意味をなすには、第一の制約（質量を持たないこと）が必要なのだ。

　このような帰結をもたらすゲージ対称性は、先ほど議論したいろいろな対称性とはまったく違う概念だという感じがする。むしろ一組のルールのようだ。光子がじっとしていられないのもゲージ対称性のせい。光子がスピンできない方向があるのもゲージ対称性のせい。そして、もうひとつ知っておかねばならない重要なことがある。それは、電子が電荷を持っているのもゲージ対称性のせいだということだ。この最後の点については、ゲージ対称性をターンテーブルの回転対称性になぞらえて考えればわかりやすい。電子のゲージ対称性は回転対称性に似ている。「ゲージ回転」という言い方をする人もいるほどだ。だが、

ゲージ回転は空間の中での回転ではない。もっと抽象的なもので、電子を量子力学的に記述する方法に関係している。ターンテーブルが（スイッチを入れたときに）一定の速さで回転するのとよく似た状況で、電子はゲージ対称性に関係した量子力学的な意味で「回転する」。この回転が電子の電荷である。電子の電荷は負で、陽子の電荷は正だが、これは、電子と陽子はゲージ対称性に関係した抽象的な意味で逆向きに「回転する」という意味だ。

　ここで、余剰次元があると電荷の議論全体がより明確になるということがわかっている。余剰次元がひとつあって、その形が円だとする。このとき、1個の粒子がその円の周りを回っているところを想像することができる。粒子は右回りに回ったり左回りに回ったりできる。円がきわめて小さければ、普通の4つの次元のようには、この次元には気づかないだろう。しかし、それでもやはり素粒子は、この円の周りを右回りにも左回りにも回ることができるはずだ。そして、粒子は右回りしているときには正の電荷を持ち、左回りしているときは負の電荷を持つと考えることができる。このような設定はすべて、円形をした余剰次元がひとつあるとすればこそ可能である。したがって、円の対称性はゲージ対称性と深い関わりがあると知っても驚くべきではない。実のところ、電荷のゲージ対称性は円の対称性と同じなのである。抽象的な主張と思われるかもしれない。しかし、これは事実とよく一致している。円の上の運動は右回りか左回りしかなく、それ以外の方向は存在しない。これと同じように、電荷は正か負のいずれかで、それ以外の電荷は存在しないのだ。

　円形をした余剰次元によって電荷を説明するという考え方は弦理論より古く、100年近く前に登場している。しかし、この

考え方はまだ、量子力学的に辻褄が合うようには整っていない。弦理論の壮大な野望のひとつが、この考え方を完成させることだ。遊べる余剰次元がたくさんあるのは確かなので、希望はあるはずだ。余剰次元についてわたしたちが正しい方向に進んでいようがいまいが、ゲージ対称性という概念は存続するだろう。電荷とその相互作用は、円の対称性と円の周りの運動とに根本的なレベルで結びついているのだ。

　Dブレーンの話からずいぶん逸れてしまったと思われるかもしれない。だが、実はそうではない。Dブレーンは、ここまでわたしたちが議論してきたすべてについて、その例を提供する。Dブレーンが回転対称性を持っていることはすでに見た——D1ブレーンと旗竿を比べてみて、どちらも円と同じ回転対称性を持っていたことを覚えておられるだろう。回転対称性は、Dブレーンのさまざまな性質を説明するのを助けてくれる。しかし、ゲージ対称性もまた、大きな役割を演じている。さて、ではこれから、ゲージ対称性とDブレーンの結びつきをほのめかす最初のヒントをご披露しよう。まっすぐに引き伸ばされたD1ブレーンがひとつあるとしよう。このD1ブレーンのどこか1ヵ所をポンとたたくと、たたいたところから小さなさざなみが2つ生じて進んでいくはずだ。これらのさざなみは光速で運動する。何ものをもってしても、これらのさざなみをじっと静止させておくことはできない。光子のように質量のない粒子はゲージ対称性を持っており、それらの粒子が質量を持たないという性質はゲージ対称性によって保証されていることは先に説明したとおりだ。D1ブレーンのさざなみにも、本質的にはこれと同じことが起こる。これらのさざなみは光子とはかなり違うものなので、実はわたしは単純化しすぎている。さざなみにはスピンはない。だが、D3ブレーンのさざなみを

論じる段になると、さざなみの中にはスピンを持つものが登場するようになり、それらを数学的に記述すると光子とまったく同じになるのだ。D3ブレーンというものが考え出されると、人々はすぐさま、わたしたちが経験している次元がD3ブレーン上の次元として表されるような世界モデルを構築しようと努力しはじめた。余剰次元は依然として存在しているのだが、わたしたちはD3ブレーンに拘束されているので余剰次元を見たり触ったりはできないというモデルだ。このモデルが有望に見えるのは、D3ブレーンは光子を伴って登場するからである。あとはほかの15個かそこらの基本粒子が何とかそろえられれば準備完了だ。残念なことに、D3ブレーンそのものはこれらの粒子を提供してくれない。D3ブレーンの上に世界を構築するにはほかにどのような材料が必要なのかを明らかにしようという取り組みは今、活発な研究分野となっている。

　超弦理論のDブレーンも、電荷に似た荷（か）を持っている。D0ブレーンの荷の場合、電荷とのあいだにきわめて厳密な類似関係が成り立っている。D0ブレーンは、たとえば+1と呼べるような荷を持っている。-1の荷を持つ、反D0ブレーンというものもある。ここで、荷は円形をした余剰次元と関わっているという、100年近く前からの考え方を思い出していただきたい。この考え方はD0ブレーンに当てはめると完璧にうまくいく。第二次超弦革命で達成されたブレークスルーのひとつが、わたしたちがそれまで親しんでいた10次元の他に、実はもうひとつ次元があるのだが、それは超弦理論によって隠されていたのだということが明らかになったことだった。D0ブレーン——点のように見えることは覚えておられるだろうか——は、円形に巻き上がったその11番目の次元の周りを回転している粒子として記述することができるのだ。その逆の向きに11番

目の次元を運動できる粒子があれば、それは反 D0 ブレーンだ。このことが認識されると、人々は突然 11 次元超重力を真剣に取り上げはじめた。ある意味、弦理論研究者たちは、それとは気づかずに 11 次元超重力をずっと研究していたとも言える。やがて、11 番目の次元は何も小さな円に巻き上がっている必要はないことが明らかになる。この円を大きくすればするほど、超弦同士の相互作用はますます強くなる。超弦は分岐や融合をあまりに急速に行うようになって、追跡し続けるのは不可能だと思えるほどだ。しかし、弦の描像の動力学がどんどん複雑になっていく中で、ひとつの新しい次元が文字通り「開く」。11次元超重力は強い相互作用をする超弦の最も単純な記述法となるのである。量子力学を 11 次元超重力理論と融合させるにはどうすればいいのかは、まだはっきりとはわかっていない。だが、弦理論は完全に量子力学的な理論であり、超弦の相互作用が強くなる場合には 11 次元超重力を含んでいることが明らかになったので、量子力学と 11 次元超重力理論とを一体化する何らかの方法があるに違いないと、わたしたちは確信している。この一連の考え方は、その後まもなく M 理論と呼ばれるようになった。

　弦理論研究者たちの大いなる希望は、荷とゲージ対称性についてわたしたちが知っているすべてが、世界が 4 次元より高い次元において持っている性質からそっくりそのまま出てきてくれることだ。第 7 章では、そのようなことがどうしてありえそうなのかをもっと詳しく論じる。第 6 章と 8 章では、余剰次元をどのように使えば、陽子内部のクォークやグルーオンが行う相互作用のような強い相互作用が記述できそうかを説明する。が、ここで少しだけ予告しておくことにしよう。ある状況のもと、あるいは、ある近似のもとでは、これらの強い相互作用は

第 5 の次元によってうまく記述できる可能性があるのだ。この第 5 次元は、M 理論の第 11 次元と同じように、相互作用があまりに強くなって通常の 4 次元では追跡できなくなったときに「開く」のである。

D ブレーンの消滅

前のセクションで説明したように、D0 ブレーンはある荷をもっており、さらに、それとは逆の荷を持った反 D0 ブレーンというものが存在する。D0 ブレーンが反 D0 ブレーンと衝突したなら何が起こるだろう？「両者は互いに消滅しあい、爆発的に放射を発しながら消え去っていく」というのがその答えだ。このセクションでは、D0 ブレーンと反 D0 ブレーンがどのように相互作用するかについて、さらに詳しく説明することにしよう。

まずはじめに、第 4 章で議論した、2 つの D0 ブレーンの間に張られて引き伸ばされた弦の話に戻ろう。この議論の目的は、弦の質量を決める要因は 3 つあることをみなさんに知ってもらうことだった。1 つめは、弦をブレーンの間で引き伸ばすことから生じる静止質量。2 つめは、弾かれたピアノの弦が行うような振動。そして 3 つめは量子揺らぎ。この量子揺らぎは負の値を持っており、しかも、容易にはなくなってくれなかった。したがって量子揺らぎからは、虚数の質量を持つ粒子、タキオンが存在する可能性が出てきてしまい、すこぶる厄介だった。タキオンが出てこないように始末する方法のひとつは、2 つの D0 ブレーンを十分遠く離して、弦を引き伸ばすエネルギーが量子揺らぎがもたらす負の成分よりも大きくなるようにすることだとお話しした。この話の順序をひっくり返してみよう。最初、2 つの D0 ブレーンは非常に遠く離れているとする。両者

をどんどん近づけて行ったらどうなるだろう？答えは細かな条件によって異なる。話をはっきりさせるためには、D0 ブレーンと反 D0 ブレーンをきっちり区別しなければならない。両者の違いは荷だけだ。まずは 2 つの D0 ブレーンが近づきつつあるという状況を考えよう。両者の荷は同じだ。したがって 2 つの D0 ブレーンは、2 つの電子と同じように反発しあう。しかし D0 ブレーンには質量があるので、D0 ブレーン同士互いに相手に万有引力を及ぼす。万有引力を総合すると反発力をちょうど打ち消す大きさになる。その結果、2 つの D0 ブレーンは互いに相手に気づくことはほとんどない。そして 2 つの D0 ブレーンの間に張られたのが超弦ならば、その超弦がタキオンになることは決してないのだ。これは、超弦理論ではタキオンの問題が見事に解決されるという小さな一例である。

　D0 ブレーンが反 D0 ブレーンの近くにあるという状況では、これらすべてが変わってしまう。D0 ブレーンと反 D0 ブレーンは反対の荷を持っているので、電子と陽子のように互いに引きつけ合う。D0 ブレーンと反 D0 ブレーンは質量が同じで、万有引力は質量に対してはたらくので、万有引力は D0 ブレーン同士の場合と同じだ。その結果、D0 ブレーンと反 D0 ブレーンの間には強く引きつけ合う力がはたらくことになる。両者の間に張られた弦は、この引きつけ合う力から影響を受ける。その影響は、D0 ブレーンと反 D0 ブレーンがある程度以上接近したときに、弦がタキオンになるというかたちで現れる。前の章で、最近ではタキオンは一種の不安定性だと解釈されていると話した。それを説明するのに、尖った芯を下にして立っている 1 本の鉛筆の例を引き合いに出した。鉛筆はいつかは倒れてしまう。反 D0 ブレーンの真上に載っている D0 ブレーンも、これと同じく不安定だ。どうなるかというと、このセクション

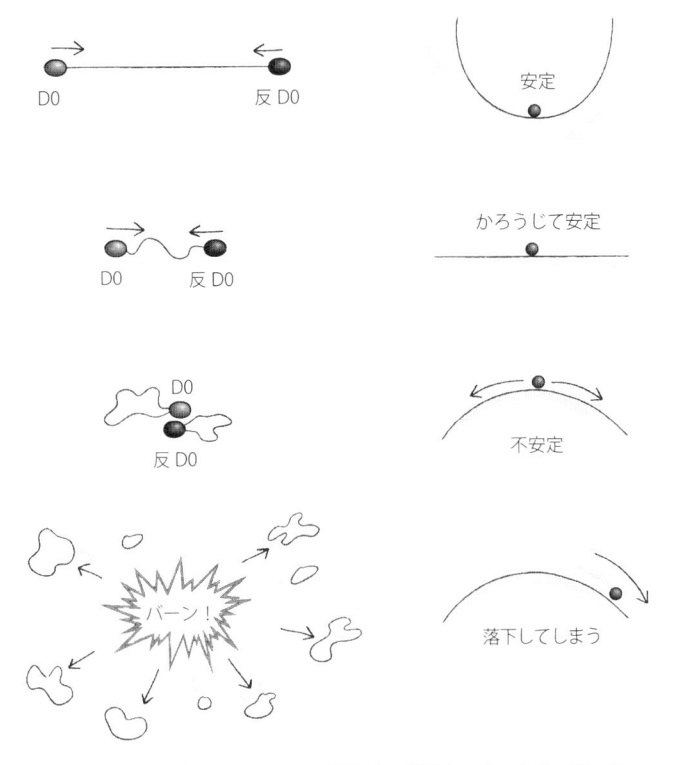

左：D0ブレーンと反D0ブレーンが接近し、消滅して弦になる。D0ブレーンと反D0ブレーンの間に張られた弦は、ブレーン同士が接近しすぎるとタキオンになる。タキオンになるとは不安定となることを意味する。タキオンは不安定性の量子なのだ。右：D0ブレーンと反D0ブレーンの間に張られた弦は、タキオンになる可能性があるが、これらのブレーンが互いに遠く離れているときは、実際には安定である。D0ブレーンと反D0ブレーンがある程度以上接近すると、タキオンは転落する。この転落は、D0ブレーンと反D0ブレーンが消滅するのと等価である。

の最初にお話ししたとおり、D0ブレーンと反D0ブレーンは互いに相手を消滅させあう。この消滅プロセスは、鉛筆が倒れるプロセスに喩えられる。あるいは違う見方をするなら、11番目の次元が円形をしていると考えるとよい。D0ブレーンはこの円の周を回っている1つの粒子だ。そして反D0ブレーンは、同じところを逆向きに回っている粒子だ。D0ブレーン

と反 D0 ブレーンがまったく同じ軌道にいると、2 つの粒子はいつかは衝突する。衝突が起これば、2 つの D ブレーンは一瞬の放射となって消滅する。このプロセスの詳細を探れば M 理論について何かがわかるはずだが、残念ながらこのプロセスについてはまだあまりよくわかっていない。厄介なのは、消滅プロセスがあまりに急激に進むので、そのとき短時間の間に大量のエネルギーが放出される様子を追跡するのは難しいという点だ。$E = mc^2$ に基づいて確実に言えるのは、このとき放出されるエネルギーは、D0 ブレーンの静止エネルギーの 2 倍に、D0 ブレーンと反 D0 ブレーンが消滅する前に持っていた運動エネルギーのすべてを足し合わせたものとなるということだ。

ブレーンとブラックホール

D ブレーンとは、弦がその端を乗せることができる時空の中の場所だとご紹介した。しかし実のところ、D ブレーンにはこれとは別のとらえ方がある。それは、「D ブレーンは零度のブラックホールである」というものだ。この考え方は、たくさんの D ブレーンが上下に重なっているときに最もよく当てはまる。まずは D0 ブレーンから始めよう。前のセクションでお話ししたばかりだが、超弦理論では 2 つの D0 ブレーンが正味の力を互いに相手に及ぼすことはない。両者の万有引力は電気的反発力によって打ち消されてしまうので、D0 ブレーンと反 D0 ブレーンのように互いに消滅させあったりはしない。そのため、消滅のような激しいプロセスが起こるのを心配することなく、2 つの D0 ブレーンが上下に重なっている状況、あるいは、実際いくつの D0 ブレーンであろうが、それらが重なっている状況を考えることができる。しかし、D0 ブレーンの数が増えれば増えるほど、その付近の時空はどんどん歪んでいく。

第5章 ブレーン

　この歪みはブラックホールの地平面となる。まさか、と思われるかもしれないが、100万個のD0ブレーンが上下に重なっており、その近くをひとつの孤独なD0ブレーンが通過している状況を思い描けば納得しやすいだろう。その孤独なD0ブレーンは、引きつけられもしなければ反発されもしない。実のところ、この言い方には但し書きが付いている。その孤独なD0ブレーンは、運動していなければ正味の力はまったく感じないが、運動しているときは、ブレーンの集団からほんの少し引きつける力を受ける。そのような引きつけの力があるおかげで、100万個のD0ブレーンはばらばらに散らばらずに重なっていられるのである。さて、ここで付近を通過しているのが1個の反D0ブレーンだとすると、すべてはがらりと変わってしまう。先にご説明したとおり、反D0ブレーンは万有引力と電気的引力の両方を感じる。反D0ブレーンが100万個のD0ブレーンの巨大な塊にものすごく接近すると、反D0ブレーンは湖の流出口にあえて近づいた魚のような運命をたどる。吸い込まれてしまうのである。ある距離よりも近づいたなら、どんな物理的プロセスをもってしても、反D0ブレーンを救うことはできない。これはまさに、ブラックホールの地平面の基本的性質そのものである。

　この地平面が零度だという主張についてはどうだろう？これを説明するのは難しい。これは、D0ブレーンの大集団から正味の力は一切感じずにその近くを通過する1つのD0ブレーンの振舞いに関係がある。実のところ、一切力を感じないというこの状況は、温度が零度だということに密接に関わっているのだ。この2つの性質は、どちらも超対称性から必然的に導かれるものである。超対称性の詳しい説明は第7章に譲るが、ここで次の2つの特徴をお話しして、超対称性にもう少し親しくな

っておこう。1つめの特徴は、超対称性は重力と光子を結びつけるということだ。重力子は重力の引力を司り、光子は電気的な引力と斥力を司る。超対称性から導き出される重力子と光子の関係からすると、重力と電気力は同じとなるのだ。2つめの特徴は、超対称性はD0ブレーンが安定であることを保証するということだ。これはどういうことかというと、弦理論の中では、反D0ブレーンに出会わない限り、D0ブレーンが自分より軽いものに変化することはありえないということである。したがって、D0ブレーンは重たいけれども、クリプトンやバリウムなどの軽い原子核に崩壊できるウラン235の原子核とはまったく違っている。これは第1章でお話ししたとおりだ。

　D0ブレーンの大集合の塊も安定で、崩壊して他のものになったりはしない。一体にまとまっているD0ブレーンたちは、ほんの少ししか振動できない。この振動は、石炭の塊をなしている原子たちが行う振動と似ている。みなさんも覚えておられるように、熱振動は $E = k_B T$ という式にしたがってエネルギーに変換される。ここで E は熱振動がもたらすエネルギーの増加分だ。たとえば、この式を無煙炭の塊の中に存在する1個の炭素原子にあてはめると、E はこの原子が熱振動によって獲得するエネルギーであって、静止エネルギーとは違う。石炭の塊が持つエネルギーの総量は、すべての原子の静止エネルギーと熱振動の両方を含んでいるはずだ。また、それぞれの原子の位置には量子揺らぎがあり、これもまた原則的に石炭の総エネルギーに加算される。これらはすべて、前に議論した、弦の質量に影響を与える3つの要因の話とたいへんよく似ている。石炭の塊の総質量は、$E = mc^2$ を使ってその総エネルギーから計算できる。

　さて、石炭を巡るこの議論はすべて、100万個のD0ブレー

熱揺らぎ

地平面

D0 ブレーンの集合

ブラック D0 ブレーン

地平面

高温の D3 ブレーンの集合

ブラック D3 ブレーン

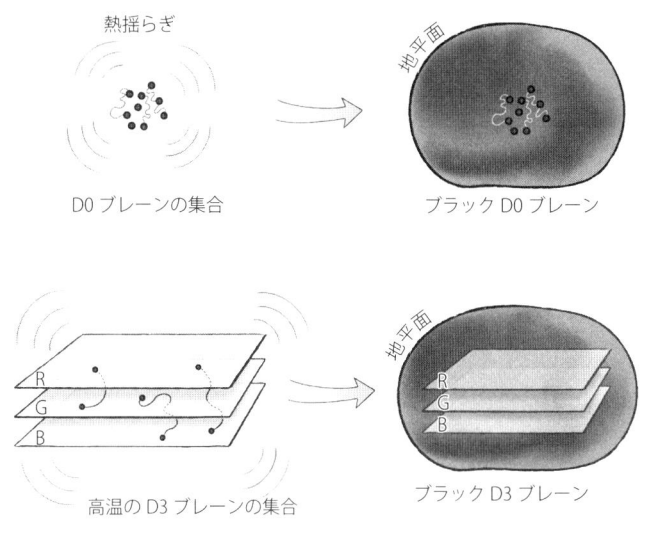

左上：熱エネルギーを持った D0 ブレーンの塊。右上：D0 ブレーンの塊の周囲には、その熱的性質を表す地平面が形成される。左下：積み重なった 3 枚の D3 ブレーン。ブレーン同士をつなぐ弦はグルーオンのように振舞い、熱エネルギーを提供する。右下：D3 ブレーンの周囲には、その熱的性質を表す地平面が形成される。

ンの塊にそっくりそのまま当てはまる。D0 ブレーンの塊は静止質量を持っており、なにがしかの量子揺らぎも持っている。D0 ブレーンの塊については、量子揺らぎの総質量への寄与はきっかりゼロとなる。(この量子揺らぎというやつをちゃんと追跡する仕事は、毎度毎度頭痛の種だ！) さらに D0 ブレーンの塊は熱揺らぎも持っている可能性がある。もしも熱揺らぎを持っていたなら、D0 ブレーンの塊には温度があることになり、したがってその分だけ余計に質量を持っていることになる。しかし、D0 ブレーンの塊は余剰な電荷は持っていない。さて、あの孤独な D0 ブレーンが、D0 ブレーンの塊がゼロでない温度を持っているときにたまたま接近したとすると、温度による余剰質量のせいで、孤独な D0 ブレーンに働く引力は少しだけ強まる

はずだ。そのため、孤独な D0 ブレーンは塊のブラックホールへと引き込まれるだろう。ところが、D0 ブレーンの塊を絶対零度まで冷却すると、先ほどの温度による余剰質量は消失する。したがって、D0 ブレーンの塊はもはや孤独な D0 ブレーンには一切力を及ぼさない。「温度が零度」と「力が一切働かない状況」が関係しているとは、こういうことなのだ。

　D0 ブレーンについて長々と話してきたが、みなさんがよくわからないとおっしゃるなら、ここでしばらく休憩して、石炭についてもう少しお話ししてみよう。石炭の熱振動は石炭の総エネルギーに含まれる。D0 ブレーンの塊のときとまったく同じだ。この総エネルギーは、あくまでも石炭が静止しているときのエネルギーである。「静止している」とは、ただ単に石炭はそこに転がっていて、空を切って飛んだりしていないというだけのことだ。総静止エネルギーは $E=mc^2$ の式によって総質量に換算される。したがって、石炭の塊は冷たいときよりも熱いときのほうが実際に重いのである。これも、D0 ブレーンの塊が温度が高いときのほうが重いのとまったく同じだ。石炭の塊なら、日常生活で慣れ親しんでいる数値を使って、温度が高まったことで石炭が獲得する質量がどのくらいの大きさなのかを計算することができる。わたしならこんなふうに計算する。ものすごく熱い石炭の温度は 2000 ケルビンほどだ。みなさんも覚えておられるとおり、太陽の表面の温度はこの 3 倍ほど高いだけに過ぎない。$E=k_B T$ という式は、石炭の中にある個々の原子の熱エネルギーの目安を与える。目安でしかないことに注意していただきたい。この目安を少しも改善することなくそのまま使って計算すると、熱い石炭の熱エネルギーはその静止質量の約 10^{-11} 倍であることがわかる。10^{-11} 倍とは 1000 億分の 1 ということだ。これは、オリンピックの短距離走者が

100 m 走で運動エネルギーに変換できる静止質量の割合よりはるかに大きい。それでも、核分裂でエネルギーに変換される静止質量の割合に比べればはるかに小さい。原子力が非常に有望である理由の根本はここにある。現代の原子炉で燃料用ウラン1トンを使えば、石炭10万トンと同じ量の電気エネルギーが得られるのだ。

さて、みなさんがこれを聞いて喜ばれるかどうかはわからないが、D0ブレーンについてわたしがこれまで論じてきたことは、実は2つの点で単純化しすぎていた。第一に、D0ブレーン同士の間には、光子でも重力子でもない、質量を持たないある粒子が仲立ちする、もうひとつの相互作用がある。この仲介粒子はディラトンと呼ばれており、スピンも持っていない。重力についてわたしが述べたすべての事柄は、ほんとうはディラトンも含まれるように拡張しなければならなかったのである。しかし、このために必要な変更はごく小さなもので、加味したとしても最終的な結論は変わらない。第二に、D0ブレーンの塊が地平面の向こう側にあるのなら、それらのD0ブレーンが原子のように振動しているかどうかはわからない。確かなのは、D0ブレーンの塊はいくらか余剰エネルギーを持っており、それは余剰質量と同じだということだけだ。弦理論における大きな課題のひとつが、振動するDブレーンでできたブラックホールについて、より正確な説明を提供することである。最もよく理解されているのが、D1ブレーンとD5ブレーンが登場する場合だ。D3ブレーンによるブラックホールも重要だ。D0ブレーンのブラックホールは量子力学的に辻褄が合うようにするのがさらに難しくなるが、それでもかなりの成果があがっている。

　D0ブレーンをブラックホールととらえる見方についての議

論を、D1 ブレーンや D3 ブレーンを同様にブラックホールととらえる見方についての議論へと切り替えるとき、最も大きく変わるのは地平面の形である。ブラックホールの地平面に取り囲まれた D3 ブレーンを思い描くのは難しい。なぜなら D3 ブレーンは 3 次元空間に広がっているからだ。この場合の地平面がどんな姿をしているかについて適切なイメージを持つには、少なくとももう 1 つの次元を視覚化しなければならない。この点については、このあとのいくつかの章で、もう少し詳しく説明する。というのも、これが一番面白いところだからだ。さしあたっては、わたしたちが日常経験している 4 次元時空の中にある D1 ブレーンについて考えてみよう。前にもやったように、何らかの手段で他の 6 つの次元は片づけてしまったと仮定するわけだ。まっすぐ引き伸ばされているひとつの D1 ブレーンは旗竿のように見え、その揺らぎは先に説明したようにさざなみである(96 ページ参照)。D1 ブレーンがたくさん集まるとさざなみの種類が増える。これらのさざなみは、弦としてとらえると一番わかりやすい。弦は 1 つの D1 ブレーンに一方の端を乗せ、別の D1 ブレーンにもう一方の端を乗せることができる。この状態で弦は、2 つの D1 ブレーンが引き伸ばされている方向に沿って動くことができる。2 つの端を持った弦は一般に「開いた弦」と呼ばれている。これと対照的なのが「閉じた弦」で、その名のとおり閉じた輪になっている。D1 ブレーンに熱エネルギーをさらに与えるとは、要するに、開いた弦をさらに与えるということだ。意外なことに、これらの開いた弦は D1 ブレーンに可能なすべての小振動を記述する。言い換えれば、弦とは本質的に D1 ブレーン上のさざなみなのである。

多数の D1 ブレーンが存在するときは、それら D1 ブレーンの集合と、D1 ブレーンにくっついている開いた弦すべての集

合体が付近の時空を歪め、ブラックホールの地平面が形成される。この地平面は、1本の引き伸ばされたD1ブレーンと同じように円の対称性を持っている。この地平面は、D1ブレーンと開いた弦の集合を取り巻く円筒だと考えることができる。D0ブレーンの塊を取り巻く地平面は球だったので、それとは違う形だということになる。地平面に囲まれたD1ブレーンの集合を指して「ブラックブレーン」と呼びたがる弦理論研究者もいる。「ブラックホール」という言葉は、D0ブレーンを取り囲むもののような、球形の地平面だけに使う、というわけだ。わたしは、もう少し大ざっぱな使い方が好きだ。ブラックブレーンでもブラックホールでも、言いやすいほうを使う。たとえば、D1ブレーンの集合を取り巻いている円筒形の地平面をブラックホール地平面と呼び、その幾何学全体を指して「ブラックD1ブレーン」と呼んだりするのがわたし流である。

　歴史的に興味深いことに、Dブレーンの集合体を記述するブラックホール(もしくはブラックブレーン)の幾何学は、Dブレーン自体が正しく理解されるようになる前にすでに知られていた。ブラックブレーンを理解するには、超重力の方程式を解きさえすればいい。みなさんも覚えておられるように、超重力は超弦理論の低エネルギーの極限であって、そこでは弦の振動の倍音はすべて忘れて、質量ゼロの振動モードだけに注目すればよかった。超重力もやはりかなり複雑ではある。しかし、超弦理論よりははるかに単純だ。第二次超弦革命の時期に超重力はいくつもの点で弦理論の展開を導いてくれたが、ブラックブレーンの構築もそのひとつなのである。

M理論におけるブレーンと世界の端

　これまでわたしは、ブレーンについての議論をDブレーン

のみに限ってきた。その理由は、Dブレーンが最も重要で、最もよく理解され、しかも最も多様性のあるブレーンの集まりだからだ。しかし、他のブレーンについてまったく触れなければ、ブレーンの解説としては不十分で偏ったものになってしまうだろう。他のブレーンについて触れてこなかったのは、それらのほうがDブレーンよりも風変わりだからでもある。これらの風変わりなブレーンについては、おそらくこれからまだまだ発見されねばならないことがあるだろう。なかでも一番風変わりなのが、M理論のなかのブレーンだ。

　念のために申し上げておくと、M理論とはその低エネルギーの極限として11次元の超重力を含む量子力学理論である。本書執筆の時点でM理論は登場してから10年以上経っているが、それにもかかわらず、今わたしが述べた内容がM理論について理解されている最も重要な事柄だという状況は変わっていない。はっきり申し上げるが、これは実に残念なことだ。だが、11次元超重力にもよい点はたくさんある。とりわけ、M理論にはM2ブレーンとM5ブレーンという2種類のブラックブレーンが含まれている。弦理論で、地平面で取り囲まれたDブレーンの集合がブラックブレーンになるという話をしたが、M理論のブラックブレーンもこれに似ており、特にブラックD3ブレーンによく似ている。

　M2ブレーンは空間の2つの次元に広がっており、M5ブレーンは空間の5つの次元に広がっている。Dブレーンと同様にMブレーンも、M理論の11次元の中でまっすぐ引き伸ばされていることも、丸まって自分にくっついて閉じていることもある。残念ながら、Mブレーンがどのように揺らぐかについてはあまりよくわかっていない。引き伸ばされてほぼ真平らな1個のM2ブレーンの運動は追跡できる。その運動は、前の

セクションでご説明したD1ブレーンのさざなみに似ている。M5ブレーンの運動も同じように追跡できる。だが、複数のMブレーンが上下に重なっている状況になると、話は格段に複雑になり、何年もの間どうにも理解できなかった。ところが、まさにわたしがこの章を書いている今、この無知の壁にひびが入りはじめているようだ。2つ以上のM2ブレーンが上下に重なっているときの動力学(ダイナミクス)を説明すると主張する論文が数件登場している。とはいえ、弦ほどの詳細なレベルの理解にはまだ程遠い。弦の場合は、弦がほぼまっすぐであろうが、ばたばたとそこらじゅうを動き回っていようが、古典力学的にも量子力学的にもその運動をちゃんと追跡することができる。だが、M2ブレーンについて同様の理解に到達するには、乗り越えねばならない概念上の障害がいくつか残っているのである。そしてM5ブレーンに至っては、それ以上にわかっていないのだ。

M理論にはもうひとつ別の種類のブレーンがあり、こちらはほんとうに驚異的である。このブレーンは時空の端なのだ。空間そのものが終わってしまう場所だ。近くにDブレーンがないと弦が終われないのと同じように、弦理論では空間は普通終わることができない。空間の端となるブレーンは、M理論に登場するとんでもなく大胆な概念のひとつだが、実のところたいへん広く受け入れられている。Dブレーンの上に光子があるのと同じように、時空の端にも光子が存在する。だがDブレーン上の光子と違い、時空の端にいる光子たちは「例外群E8をゲージ群とする超対称ゲージ理論」というとりわけ興味深い理論に登場する。第一次超弦革命の後、1980年代中ごろには、電磁力と核力についてのさまざまな理論を何とか立て直すことを目指してこの理論をきちんと整えようと、数々の研究が行われた。そして、これらの研究はどれも、「時空の端にあ

るブレーン」(訳注：以下、「時空端ブレーン」と表記する)で終わるような時空を用いた M 理論の解釈を含んでいることが明らかになったのだった。

　M 理論は 11 次元超重力を決定的に超えていくつかの方向へと進展しているが、時空端ブレーンはそうした進展のひとつである。この進展には量子力学を使わねばならなかった。もうひとつの進展としては、M2 ブレーンと M5 ブレーンの質量の計算がある。もっとも実際に計算が行われると、M2 ブレーンが無限の面積にわたってピンとまっ平らに引き伸ばされているとき、M2 ブレーンの質量は無限となることがわかった。同じことは M5 ブレーンについても成り立つ。さらに、これも量子力学によって理解できたことなのだが、単位面積あたりの M2 ブレーンの質量は定数だということがわかっている。実を言えば、これは弦理論についてわたしたちが知る範囲を越えた情報である。弦理論に取り組むわたしたちが知る限りにおいては、弦の単位長さあたりの質量は定まっていないのだから。

　超弦理論には、さまざまな種類の D ブレーンと M ブレーンの他にもうひとつブレーンが登場する。実のところ、これが最初に理解されたブレーンなのだ。それは M5 ブレーンと同じように 5 次元の 5 ブレーンだが、11 次元の中ではなく、10 次元の中に存在している。「ソリトン的 5 ブレーン」と呼ばれることが多く、もっとふさわしい呼び名もないので、ここではこの名称を使うことにしよう。ソリトンは物理学では広く使われている概念で、一般的には重く安定した対象物。古典的な例としては、たとえば運河のような水路に沿って、消えたり崩れたりすることなく伝播していく波がある。「ソリトン」という名称は「孤立」を連想させる。この名称は、ソリトンには固有のアイデンティティーがあることを知らしめるために付けられた

のだ。今日わたしたちは、Dブレーンにも固有のアイデンティティーがあると理解している。すべてのブレーンは、大ざっぱに言って、弦理論のソリトンとして説明できる。しかしここでは、この後すぐご説明する5ブレーンに対してのみ「ソリトン的」という言葉を使うことにしよう。

　ソリトン的5ブレーンは2つの理由から触れておく価値がある。第一に、弦の双対性について論じるときがくると、ソリトン的5ブレーンは双対対称性によって他のブレーンに関係づけられるので、その存在を知っていれば役に立つ。第2に、ソリトン的5ブレーンについてわたしたちが到達している理解は、時空はそれ自体では意味はなく、弦たちがどのように運動するかを記述するためだけに存在するという考え方の一例になっている。わたしは第4章で、時空における弦を自動車レースのサーキットに喩えて、この考え方を説明しようと試みた。レーシングカーがどのように運動しているかの記録から、レースサーキットがどんな特徴を持っているのかをさまざまに推論して導き出すことができるが、その中でも最初に気づく目立った特徴は、「サーキットは閉じた輪になっている」ということだろうとお話しした。さて、ソリトン的5ブレーンについての中心的な考え方もこれと似ている。まず、超弦は球の表面を運動すると仮定することから始める。実際には理論上の要請で、地球の表面の形を近似的に表す球よりも、この球はひとつ次元が多い。この高次元の球は3次元球と呼ばれている。ここでわたしがみなさんにおわかりいただきたいのは、3次元球はわたしが喩えで使ったレースサーキットに似ているということだ。どちらも閉じており、有限で、決まった大きさを持っている。さて、覚えておられると思うが、超弦は、どんな種類の幾何学の中でなら存在しうるのかについては、きわめて選り好みが激しい。超

弦は10次元であることを絶対に譲らず、さらに一般相対性理論の方程式も成り立たねばならないと主張する。そのため、出発点の3次元球に、さらに時間を加え、そのうえ空間の6次元を加えなければならない。その結果得られる全体の形はきわめて特徴的だ。どのように見えるかをご説明しよう。ソリトン的5ブレーンから遠く離れた時空は平らで10次元だ。あなたが内側に向かって進んでいくと、はっきり決まった大きさを持った深い穴が時空にぽっかり開いているのに出くわす。その大きさは、さっき、思考の出発点とした3次元球の大きさと同じだ。弦理論に登場する他のすべてのブレーンと同じように、この「深い穴」もブラックホールと関係している。しかし、ソリトン的5ブレーンの場合は、あなたは地平面を越えることなく、好きなだけ深く入り込むことができる。つまり、ソリトン的5ブレーンの奥へとどれだけ進もうが、いつでもUターンして戻ってくることができるのだ。だが、この穴の奥底へと進んでいくと、最終的に物理的性質はすこぶる奇妙なものとなる。弦は強く相互作用するようになるし、また時にはもうひとつの次元が開いて、11次元に引き戻されてしまうこともあるのだ。

　この章を読み終えたみなさんには、大まかな印象を2つ持っていただければと思う。1つめは、弦が話のすべてではない——むしろ、それとはほど遠いということ。2つめは、話のすべては複雑で細かいということ。少なくとも、複雑で細かいように見える。物事があまりに複雑で細かくなってしまうと、やがてもっと深いレベルの理解に到達して話がすっきり単純になるということがしばしば起こる。いい例が、100種類ほどの化学元素が登場する化学だ。これらの元素はすべて、陽子、中性子、電子からできているとわかったことから、すべての元素を

統合する理解が生まれた。現在の高エネルギー素粒子物理学にも、同じようにたくさんの素粒子がある。光子、重力子、電子、クォーク（クォークは6種類もある！）、グルーオン、ニュートリノなどだ。弦理論は、これらの素粒子の1つひとつを弦の異なる振動モードとして説明することによって統一的な図式を提供することを目指している。それゆえ、超弦理論でもやはりさまざまに異なる対象物がいろいろと出てきてしまうのは、やや期待外れの感もある。しかし、肯定的な見方をするなら、このたくさんの対象物は途方もなく緻密に張り巡らされた網をなしており、その中では、どの種類のブレーンも他のすべてのブレーンと弦に関係づけられているといえるのだ。次の章では、これらの関係について論じよう。

　ブレーンよりも根源的で単純なもの——すべてのブレーンを形成している「下位ブレーン」のようなもの——が存在するのではないだろうかとついつい思いを巡らせたくなるのを、こらえるのは難しい。弦理論の数学の中には、そのような「下位ブレーン」をほのめかすようなヒントは何もなさそうだ。だが、わたしたちがその数学をまだ完全には理解していないことをうかがわせるようなヒントはたくさんある。第三次超弦革命は、もし仮に起こるとしたら、解決せねばならない問題をたくさん抱えているのである。

第6章

弦の双対性

　双対性とは、一見したところ異なって見える2つのものが等価であるという主張だ。わたしはすでに、「プロローグ」の中でチェス盤の例についてお話しした。赤い背景に黒い正方形が描かれていると考えることもできれば、黒い背景に赤い正方形が描かれていると考えることもできる。これは同じ事柄についての「双対」な記述だ。もうひとつ別の例を挙げよう。ワルツを踊るという例だ。みなさんも昔の映画でご覧になったことがあるだろう。もしかしたらご自身も踊ったことがあるかもしれない。男性と女性が寄り添って向かいあう。両腕を決まった恰好に置かねばならないが、それは気にしなくていい。大切なのは足の運びだ。男性が左足を一歩前に踏み出すとき、女性は右足で一歩下がる。男性が右足を一歩踏み出すとき、女性は左足で一歩下がる。男性がターンすると、女性も彼に顔を向けたままターンする。スピンなどの特殊な動きを除けば、男性がすることに基づいて女性がどうすべきかを正確に知ることができるし、その逆のこともできる。昔、「ジンジャー・ロジャースはフレッド・アステアのやることをすべて、ハイヒールを履いて逆向きに真似した」というジョークがあった。弦の双対性はこれに似ている。一方の記述に登場するすべての対象物は、もう

一方の記述でも同じくきちんと把握されている。

　古い映画でフレッドとジンジャーがダンスしているのを見るとき、そのダンスが魅力的な理由のひとつは、二人が互いに相手を見事なまでに正確に写していることにある。弦理論でも同様に、双対性を理解すれば、双対性の片側しか理解していなかったときよりも洞察と情報に富んだ描像を得ることができる。双対性の片側だけしか知らないのは、まるでフレッドだけ、あるいはジンジャーだけを見ているようなものだ。それでも素晴らしいかもしれないが、完全ではない。

　さてこの辺で、弦理論に登場するほんとうの双対性の例をご紹介しよう。ここまで、弦についてはお話ししてきたし、D1ブレーンについてもお話ししてきた。どちらも 1 次元の空間に伸びている。また、ここでは前の章と同じように、タキオンの不安定性が出てくる 26 次元の弦理論ではなくて、10 次元の超弦理論に焦点を当てさせていただきたい。さて、S 双対性と呼ばれる有名な弦の双対性は、超弦を D1 ブレーンと交換する。なかなか興味深いが、これは S 双対性のひとつの側面に過ぎない——まるで、ワルツの説明をするのに、「男性が左足で一歩前に踏み出すと女性は右足で一歩うしろに下がる」としか言わないようなものだ。みなさんにもっと完全な説明を提供するには、S 双対性が超弦理論のすべてのブレーンに何をするかをお話ししなければならない。だがその前に、もうひとつ複雑なことを紹介する必要がある。超弦理論にはいくつか異なる種類のものがあり、どの種類のブレーンの存在が許されているかによって、これらの理論を分類することができるのだ。わたしがお話ししたい種類の超弦理論はⅡB型と呼ばれている。この名称は、この理論がどのようなものかをとりたててよく表してはいない。このタイプの超弦理論のユニークな動力学のあれこれ

の側面が、十分理解されるようになる前につけられた名称だ。だが、本書ではこの名称を使い続けることにする。ⅡB型弦理論にはD1ブレーン、D3ブレーン、D5ブレーン、ソリトン的5ブレーンと、その他もっと難しくて説明しづらいブレーンがいくつか登場する。D0ブレーン、D2ブレーンをはじめ、偶数ブレーンは出てこない。また、弦理論であってM理論ではないので、M2ブレーンやM5ブレーンも登場しない。

　さて、そろそろS双対性に戻ろう。先ほどS双対性とは「弦がD1ブレーンと交換される」双対性だとご紹介したが、D5ブレーンはソリトン的5ブレーンと交換され、D3ブレーンはこの双対性には一切影響を受けないことがわかっている。これはこういう意味だ。S双対性の片側から1本の弦として出発したとすると、反対側ではそれはD1ブレーンとして終わるのである。しかし、S双対性の片側からD3ブレーンとして出発したとすると、反対側ではそれはD3ブレーンとして終わる。話はこれで終わりではないのだが、早くもこの時点で、これまでにわたしが述べたいくつかの主張を結びつけて、新しいことを学びとることができる。たとえば、弦はD5ブレーンの上に端を乗せてそこで終わることができる。（これは、どのDブレーンでもそうであるように、D5ブレーンが「弦がその端を乗せられるところ」と定義されているからだ。）S双対性はこの主張にどんな影響を及ぼすのだろう？S双対性によれば、「D5ブレーン」を「ソリトン的5ブレーン」に、「弦」を「D1ブレーン」に置き換えることができる。したがって新しい主張は、「D1ブレーンはソリトン的5ブレーンの上で終わることができる」となる。この新しい主張は独立に検証することができ、その結果正しいと確認されている。弦の双対性は大ざっぱに言ってこのように構築された。つまり、具体的な翻訳のルールが提案され、そこ

から新しい主張が導き出されて、それが正しいかどうか確認するという手順である。

　大まかに言うと、弦の双対性とは、一見異なって見える2つの弦理論の間、あるいは、弦理論の中の一見異なって見える体系の間に存在する双対的な関係である。今日では、弦の双対性の網全体が知られている。この網はたいへん見事に張り巡らされており、好きなブレーンを出発点として、2、3の双対性と「変形」を経て、別の好きなブレーンに至ることができる。「変形」とは何を意味するかについては、このあと話を続ける中で説明していこう。だがその話を始める前に、第5章の終盤近くで議論した統一的描像にもう一度立ち返っておくのがいいだろう。弦理論にはものすごくたくさんの種類のブレーンがある！いつかは、すべてのブレーンは、根底に存在する1つの構造が異なる形に現れたものだという統一的描像が見出されるだろうと期待する人もいるかもしれない。だが双対性はそのようなものではない。双対性は、1つの種類のブレーンを別の種類のブレーンに交換する。ブレーンと弦が交換されることもある。わたしたちが現在到達している理解の水準では、すべての種類の弦とブレーンは、あるレベルで同格である。この理解は、原子論以前に化学者たちが周期律表のさまざまな元素について到達していた理解よりも質的に優れているが、原子論が十分確立された後、物理学者たちが化学元素について到達した理解の質には及ばない。

　弦の双対性の話が展開されていたのは、ちょうどわたしが大学院生になったばかりのころだった。わたしは多少の疑いをもって、双対性を眺めていたのを覚えている。「これがほんとうにわたしが研究したいことなのだろうか？」面白いテーマなのは確かだったが、弦理論を万物の理論にするという目標からは

かなり外れているように思われた。しかし今では、双対性は、わたしたちの理解にとって欠かせない進展だったとわたしは考えている。弦理論を実験と結びつけられる可能性が最も高い取り組みは、双対性を最大の基盤としているのだ。

　さまざまな弦双対性について到達されている理解の水準にはばらつきがある。そして実のところS双対性は、まだ謎の多い双対性のひとつなのだ。弦をD1ブレーンに対応させる規則は、弦やD1ブレーンがまっすぐに引き伸ばされ、(ほとんど)動かない場合にはよく理解されており、検証も十分行われている。しかし、弦やD1ブレーンがふわふわ動き回って、でたらめに衝突しあっている場合のS双対性の規則はあまりよく理解されていないのだ。この理解の難しさは、弦の相互作用の強さに関係している。1本の弦が2本の弦に分岐するのは、1本のパイプが小さな2本のパイプに分かれるのと同じようなことだとご説明した。パイプの表面は、時空の中で、弦が時間の経過とともに動いた軌跡のなす、弦の世界面と似ている。2本の弦が融合する様子は、2本のパイプが一体化して大きな1本のパイプになるのと似ているだろう。弦の相互作用の強さは、弦がこのような分岐と融合をどのくらい頻繁に行っているかの1つの定量的な指標になる。弦の相互作用が弱いときは、弦は長い距離移動してようやく、分岐したり他の弦と融合したりする。一方、弦の相互作用が強いときは、分岐と融合が頻繁に起こるため、1本の弦を追跡するのはほとんど無理になる。見つけたと思ったらその瞬間に分岐したり、あるいは別の弦と融合したりしてしまうのである。弦の相互作用が強いときには、D1ブレーン同士の相互作用は弱く、その逆もまた成り立つ。したがってS双対性は、弱い相互作用の振舞いと強い相互作用の振舞いを交換する。

ここまでの話が読者のみなさんの手に負えないといけないので、ダンスの比喩に戻ろう。弦理論では、弱い相互作用の振舞いは、すっきりしていて単純で、しかもエレガントである。まるでフレッド・アステアのダンスのようだ。一方、強い相互作用の振舞いはカオス的でぐちゃぐちゃだ。弦が何本もあちこち飛び回っているという状況だが、実は、あまりに急速に分岐したり融合したりしているので、それはもう弦とは言えないありさまだ。わたしに思いつける唯一の比喩は、ネバネバした異星人だ。したがってS双対性は、フレッド・アステアがネバネバの異星人とダンスしているようなものだと言えよう——フレッドには気の毒だが。とはいえ、実際この異星人は、異星人独特の流儀において、フレッドに劣らぬダンスの名人なのである。ただわたしたちには、ほんとうに何が起こっているかを把握するのは難しいというだけだ。わたしたちが異星人なら、逆のことが成り立つだろう。異星人であるわたしたちから見れば、異星人のダンスのほうこそすっきりしていて単純で、しかもエレガントであり、ネバネバしてぐちゃぐちゃしているのはフレッドのほうになる。この比喩でわたしが言おうとしているのは、弦双対性は、わたしたちがよく理解していること（たとえば弱い相互作用の弦理論）とあまりよく理解していないこと（たとえば強い相互作用による振舞い）とを関係づけることが多いということだ。

　みなさんもご記憶のとおり、前の章で強い相互作用の弦理論について論じていたとき、最後に結果としてでてきたのは、新しい次元が1つ開けるということだった。その弦理論は、10次元ではなくて実際には11次元であるかのように振舞いはじめるとわたしはお話しした。これは、つい先ほどまで2, 3のパラグラフでお話ししてきた状況とはまったく異なる。という

のも実は、わたしが前章で念頭においていたのは、ⅡA型という別の弦理論なのである。ⅡA型は、弦の相互作用が強くなると新たに1つ次元が増えるような弦理論だ。これにはD0ブレーン、D2ブレーン、D4ブレーン、D6ブレーン、ソリトン的5ブレーンのほか、さらに少しばかり説明しづらいいくつかの対象物が登場する。弦の相互作用が強いとき、ⅡA型弦理論は11次元によって最もうまく記述される。ところが結合定数が大きいⅡB型弦理論は、新たな次元を持ち出すなどという妙なことは一切しなくとも、D1ブレーンが弦に交換されると考えればたいへんうまく記述できるのだ。

　弦双対性については理解できていないことがたくさんあるというのは、すでに強調したとおりだ。したがって、このセクションの最後は、すべての弦双対性について確実に理解されている2つの事柄をまとめて締めくくりとするのがふさわしいだろう。1つめは低エネルギー理論だ。わたしたちが知っているどの弦理論でも、重力は常に顔を出す。一般相対性理論における重力の記述は非常に特殊で、しかも今日に至るまで正しいとされている。この記述を一般化する方法が、ごく限られた数だが存在し、それらが前の章でご紹介した複数の超重力理論だ。超重力理論には最低エネルギーの超弦の振動モードだけが含まれるので、これらの理論は超弦の低エネルギーでの動力学をとらえていると言える。わたしたちは重力と超重力についてはほぼ完全に理解しているので、両者をあわせたものは、弦双対性についてのわたしたちの理解を試す主な試金石の1つとなる。2つめの試金石は、長く引き伸ばされた弦と長く引き伸ばされたブレーンだ。これらはいずれも、超重力における零度のブラックホールとして記述できる。これらはまた、D0ブレーンの説明でご紹介したような、特殊な「無力」性という特徴(no-force property)も持っている。弦双対性を最低限の言葉で表すなら、それは、低エネルギー理論に何が起こるかと、これらの長く引き伸ばされたまっすぐなブレーンに何が起こるかについての記述になるのである。

ここに 1 次元、あそこに 1 次元と、誰が数えているのか？

このセクションでは、最もよく理解されている弦双対性について議論したいと思う。その双対性は T 双対性と呼ばれている。S 双対性、T 双対性という名称は、ⅡA 型、ⅡB 型というのと同じく恣意的なものだ。弦理論研究者は、ものに名前をつける際に、普通ではありえないような困難に直面する。つまり、知識の限界を探究しながら、ものに名前をつけていかねばならないわけだ。そこでわたしたちは、進みながら何とか工夫して名前を考え出していく。恣意的な名前にすることも多い。あるいは、そのテーマについて初期のころになされた研究にちなんで名づけることもある。だが、その初期の研究の妥当性が薄れた後もその名前が使われ続ける傾向がある。こうして、妙な名前の寄せ集めができてしまうのだ。他の科学分野でも似たような問題はあると思うが、これほどひどくはなさそうな気がする。

ともあれ、T 双対性はⅡA 型とⅡB 型の弦理論を関連づける弦双対性だ。この双対性はたいへんよく理解されている。というのは、弦が弱い相互作用しかしないときには話のすべてに整合性がとれているからだ。これはつまり、弦が弱い相互作用しかしないときには、弦は分岐したり融合したりせずに長い距離にわたって、あるいは少なくとも長時間にわたって移動できるということだ。

一見すると、ⅡA 型とⅡB 型の弦理論を関係づけるのには大きな問題があるように思える。ⅡA 型弦理論には D0、D2、

D4、D6という偶数がついたDブレーンが登場する。ⅡB型弦理論にはD1、D3、D5という奇数がついたDブレーンが登場する。D0ブレーンをD1ブレーンに対応づけるなんて、そんなことがどうしてできるのだ？特に、D1ブレーンがまっすぐに長く引き伸ばされていたなら、そんなことはどうにも不可能なように思える。実は、こんなトリックを使うのだ。ⅡA型弦理論の10ある次元のひとつを、円の周りに巻き上げる。その円が観察可能な長さ尺度に比べて十分小さければ、この弦理論には次元は9つしかないように見える。さらにいくつも次元を巻き上げて、見える次元を4つにまで減らすこともできる。だが、それはやらないでおこう。ここでは弦理論同士の関係を説明しようとしているのであって、（少なくとも今はまだ）弦理論が世界とどのような関係を持っている可能性があるかを説明しようとしているのではない。なので、1つの次元だけを巻き上げたという状況のもとで話を続けよう。なんと、この新たな9次元世界では、ⅡA型とⅡB型の弦理論を区別することはできなくなるのだ。たとえばⅡA型D0ブレーンを取り上げてみよう。D1ブレーンを、先ほどの円の周りにぐるりと巻きつけたなら、観察能力の精度が足りなくて巻き上げられた次元のサイズを見ることのできない観察者には、これはD0ブレーンのように見えるだろう。わたしが言いたいのは、そのような観察者には、巻き上げられたD1ブレーンは空間的な広がりは一切持っていないように見えるだろうということだ。まるで点粒子のように、つまり0ブレーンのように見えるはずだ。「ちょっと待ってください！D1ブレーンが巻き上げられずに、今わたしたちが想像しているような遠視の仮想観察者にははっきり見える9つの次元のうちの1つの中で伸びていることだってありえるんじゃないですか？」とおっしゃるかもしれない。たしかに

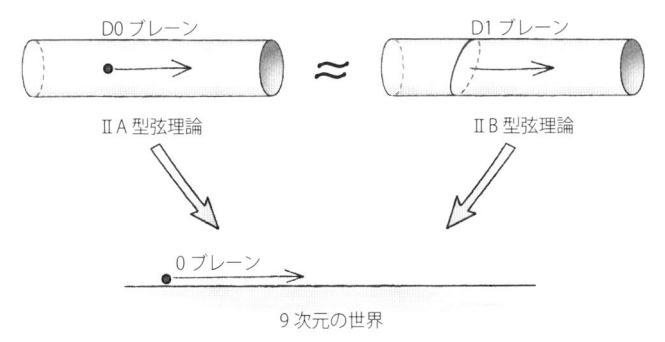

ⅡA型弦理論とⅡB型弦理論を結びつけるT双対性。この2つの弦理論はどちらも9次元理論に関係している。9次元の中にある0ブレーンは、ⅡA型弦理論のD0ブレーンから生じることもあれば、ⅡB型弦理論の円に巻きついているD1ブレーンから生じることもあるが、この2つの現象は等価である。

その可能性はある。その一方で、例の巻き上げられた次元の周りにD2ブレーンを巻きつけることもできる。するとD2ブレーンは長いホースのような形になる。ホースの断面は円形で、それは巻き上げられて円形になったあの次元である。庭の水撒きホースが芝生の上で、何らかのでたらめな形にうねうねと伸びていることが多いのと同じように、巻きつけられたD2ブレーンは9つの次元を好きに横切って動き回ることができる。さっきから論じている9次元しか見えない観察者には、それはまるでD1ブレーンのように見える。なぜなら、この観察者は、D2ブレーンが実はもうひとつ存在する余剰次元の周りに巻きついているのを見分けられるほどに細かく見ることはできないからだ。以降、ほぼみなさんご想像のとおりにこの話は続いていく。巻き上げられたD3ブレーンはD2ブレーンのように振舞い、巻き上げられたD4ブレーンはD3ブレーンのように振舞い、……という具合に。

　ここまでの議論からみなさんは、T双対性は近似的にしか正しくないのではないかという印象を持たれるかもしれない。

ⅡA型とⅡB型の弦理論が9次元世界の観察者にとって同じに見えるのは、その観察者が10番目の次元が円形に巻き上げられているのを見分けられるほどじっくりと見ることを許されていない場合だけではないかと。しかし実のところ、T双対性は厳密な双対性なのだ。適切な数学の言葉を使ってとらえれば、チェス盤の赤と黒の正方形の双対性と同じくらい単純なのである。この数学の言葉をわたしたちがちゃんと使うのは無理なのだが、要点をお話しすることはできる──円形の次元に巻きつけられたⅡA型の弦は、巻きつけられずにその円の周囲を動き回っているⅡB型の弦と同じものであり、逆に、この円の周囲を動き回っているⅡA型の弦は、そこに巻きつけられたⅡB型の弦と同じものなのだ。

　ちょっと厄介なのが、ⅡA型の弦がその周りに巻きついたりその周囲を動き回ったりできる円は、ⅡB型の弦がその周囲を動き回ったりその周りに巻きついたりできる円とは大きさが違うという点だ。これを理解するためには、量子力学を少し思い出さなければならない。電子が原子内部で運動しているとき、この電子は量子化された決まった大きさのエネルギーを持っているが、その位置と運動量は不確定だ。円の周囲を量子力学的に運動する弦もこれと同じで、量子化されきっちり決まった大きさのエネルギーを持つが、位置は不確定である。だが、この弦の運動量はエネルギーと同じく量子化されている。これはなかなか面白い。というのもこれは、不確定性原理は円形の次元上の運動には通常の形では適用されないということを意味するからだ。不確定性原理を導き出す数学に従えば、円が非常に小さいときは運動する弦の運動量は非常に大きくなる。その結果、そのエネルギーも非常に大きくなる。これとは逆に、円が非常に大きければ、運動する弦のエネルギーは非常に小さいことに

なる。この状況を、円に巻きついた弦のエネルギーの話と比べてみよう。巻きついた弦の質量はその長さに比例する。つまり、長さが2倍になれば質量も2倍になる。この、「単位長さ当たりの質量は一定である」という点では、弦理論の弦は普通の弦と同じように振舞うわけだ。このことから、大きな円の周に1回巻きついている弦は非常に重く、小さな円の周に1回巻きついている弦は軽いことになる。さて、ここからが話の核心である。円の周を運動しているⅡA型の弦を、円の周に巻きついているⅡB型の弦で置き換えようとするなら、エネルギーが一致するものに置き換えるべきだ。ⅡA型の弦がその上で動いている円が小さいならば、エネルギーは大きく、したがってⅡB型の弦が巻きつく円は大きくなければならない。ⅡAの円をどんどん小さく絞っていくと、ⅡBの円は非常に大きくなってもはや円だとはほとんどわからないほどになる。この状況を、「ⅡBの円はほとんど平らな空間次元に開く」と表現することができる。みなさんはこれを聞いて、ⅡA型弦理論とM理論の間の双対性を少し思い出されるかもしれない。この双対性では、弦の相互作用を非常に強くすると11番目の次元が開くのだった。

　前の章で、弦の双対性との関連で「変形」という言葉を使ったが、これについて説明するお約束だった。円の大きさを変えるのは変形の一例である。弦の相互作用を変えるのもまた変形だ。総じて「変形」という言葉でわたしが意味しているのは、円滑に起こる変化のすべてなのだ。弦双対性は変形ではない。弦双対性は、それぞれ変形可能な2つの理論の間にある関係である。あるいは、弦双対性を、同じ物理を2つの異なる方法で見るという、見方の変化ととらえることもできる。双対の関係にある一方の理論が、もう一方のものよりも格段に単純なこと

もある。たとえば、ⅡB型弦理論は相互作用が強いときよりも弱いときのほうがはるかに単純だ。そして、S双対性は弱い相互作用と強い相互作用を交換するのだった。わたしがフレッド・アステアとネバネバ異星人の比喩を使ったときにとらえたかったのは、この単純なものと複雑なものとの結びつきだったのである。この比喩でそれほどうまくとらえられないのが、弦の相互作用の強さを「弱い」から「強い」へ、あるいは「強い」から「弱い」へとスムーズに変えられるということだ。これはまるで、フレッド・アステアをだんだんとネバネバ異星人へと変形すると同時に、ネバネバ異星人をフレッド・アステアへと変形することができるというようなものだ。第二次超弦革命で到達した重大な洞察のひとつが、ある理論をさまざまな方法で変形し、既知のさまざまな双対性を使うことによって、どの弦理論も別のどの弦理論にも変換できるということだ。そのような双対性をすでに３つご紹介している。ⅡA型弦理論をⅡB型弦理論と結びつけるT双対性、ⅡB型弦理論をそれ自体と結びつけるS双対性、そして、ⅡA型弦理論をM理論と結びつける双対性だ。この他に３つの超弦理論があり、それらを結びつける双対性も存在するが、ここでそれを論じればむしろ混乱を招いてしまうだろう。

　一度説明を聞いただけでは、あれこれ種類の違うブレーンや双対性をすべて理解するのは難しいと思う。それでも、「弦理論の空間的次元は変化しうる」ということははっきりご理解いただきたい。弦理論では、空間的次元は出現したり見えなくなったり、小さくなったり大きくなったりする。弦理論が最終的に世界に関係づけられるとき、その関係には余剰次元がそれ自体として含まれていなければならないかどうかは、わたしにはわからない。時空というものが、次元が小さい場合の近似的な

概念でしかないのだとしたら、世界を正しく記述するには、わたしたちが知っており親しんでいる4つの大きな次元のほかに、さらに余剰次元の代わりとなる抽象的な数学的性質を加えたものが必要なのかもしれない。第一次超弦革命当時にはこのような理論構築が試みられたが、今日ではあまり支持されていない。

重力とゲージ理論

　弦双対性の中には、それ自身をテーマに1つの研究分野ができてしまったものもある。「ゲージ理論と弦理論との間の双対性」だ。この双対性は、ⅡB弦理論を他の弦理論にではなくてゲージ理論に関係づけるという点で、他の双対性とは異なっている。ゲージ対称性については第5章でかなりの長さにわたってご説明した。ここで主要な点をおさらいしておこう。ゲージ対称性は光子に質量がないことを保証する。また、光子のスピン軸が光子の運動方向と一致することも保証する。さらに、ゲージ対称性のおかげで、電荷を、ゲージ対称性を備えた抽象的な空間内での回転と見なすことができる。ゲージ理論とは、その数学的記述にゲージ対称性が含まれる任意の理論である。これは通常、その理論に光子もしくは光子のようなものが含まれていることを意味する。光の理論(すなわち電場と磁場の理論でもある)は単純なゲージ理論だ。実際、もっと複雑な、いろいろな種類のゲージ理論が、弦理論研究者のみならず、素粒子物理学者、原子・核物理学者、物性物理学者の関心を集めている。

　みなさんもご記憶のとおり、光子と電子のゲージ対称性は、実をいえば円の対称性と同じだ。電子のように帯電した物体は、この円の周りを回転していると考えることができる。M理論の11番目の次元と同じように、この円も実際の円だと考える必要はない。電荷について、そしてそれが光子と行う相互作用

129

について述べるためのものとして、数学の中だけに存在している。この数学のひとつの特色は、「光子そのものは電荷を持たず、電荷に反応するだけだ」ということである。

「円の対称性が光子と結びついているなら、球の対称性と結びついたゲージ理論もあるのでしょうか？」と、みなさんが疑問に思われるのも無理はない。そしてそのような理論が実際に存在することがわかっている。この理論では、球を回転させる3通りの方法に対応する3種類の光子が存在する。（この3種類の回転を、航空学では、縦揺れ、横揺れ、偏揺れと呼んでいる。）これらの光子は、電荷を帯びているという点で普通の光子とは違っている。前に、電子や重力子を取り巻く仮想粒子の雲について踏み込んだ議論をしたのを覚えておられるだろう。これについても大事な点をおさらいしておこう。重力子が互いに反応することによって数を増やしていく重力と、光子が仮想粒子の電子と陽電子に分裂し、それらがさらに光子を生み出すというプロセスを延々と繰り返すことによってのみ光子が増えていく電磁気とは、はっきりと区別される。後者の電磁気のほうがはるかに追跡しやすい。連鎖的に生じる仮想粒子を追いかければいいからだ。このことから、光子と電子は1つの繰り込み可能な理論をなすと言うことができる。この繰り込み可能な理論が量子電気力学(quantum electrodynamics)、略してQEDだ。一方、重力は繰り込み不可能である。これは、重力子の連鎖的増殖は、わたしたちが知っているどんな数学的方法によっても制御できないということだ。では、球の対称性に結びついたゲージ理論とはどのようなものなのだろう？それは、重力よりもむしろQEDに似たものである。このゲージ理論は繰り込み可能なのだ。

陽子の内側の物理についてわたしたちが到達している理解の

基礎にあるのが、量子色力学(quantum chromodynamics)、略してQCDと呼ばれているゲージ理論だ。QCDは8種類の回転を含む対称群に基づいている。例によってこれらの回転も、わたしたちが慣れ親しんでいる4次元の中で起こるのではなく、「色空間」と呼ばれる抽象的な数学的空間の中で起こる。QCDは、球の対称性に基づくゲージ理論とよく似ている。ただ、球の場合は縦揺れ、横揺れ、偏揺れという3種類の回転しかないのに比べ、8種類の回転が存在するQCDは少し複雑だ。8種類の回転はそれぞれ、光子に似た粒子に対応している。これら8つの粒子はまとめてグルーオンと総称される。さらに、電子に似たクォークという粒子もある。しかし、電子は負の電荷しか持てないのに比べ、クォークは3種類の異なる荷のどれか1つを持っている。この荷は色荷と呼ばれており、「色空間」とはこの色荷を追跡するための数学的手段なのだ。クォークの色荷は赤、緑、青のいずれかである。これは単にそのような呼び方をするというだけのことで、わたしたちが目で見る色と実際に何か関係があるわけではない。光子が電子の持つ電荷に反応するように、グルーオンはクォークの持つ色荷に反応する。だが、グルーオンも色荷を持っている。グルーオンは重力子と同じように、グルーオン同士お互いに反応する。また、重力子の場合は、重力子から仮想重力子がどんどん生まれて制御不能になるが、クォークからどんどん生まれる仮想クォークは、それとは違って数学的に追跡できる。つまりQCDはQEDと同じく繰り込み可能なのだ。QCDという名称が選ばれた理由の一部は、QCDがQEDと似ているからであり、また、「色力学」という呼び名が「色の動力学」を意味しているからでもある。そしてこれもまた、目で見る色とは完全に切り離された概念だ。この色という呼び名は、数学的抽象概念をまるで目に見えるか

のように表す 1 つの方法に過ぎない。

　クォーク、グルーオン、そして色ではない色が登場する QCD は、弦理論に負けず劣らず風変わりに聞こえる。しかし、弦理論とは違って、QCD は実験によって十分に検証されている。そして、陽子内部の物理を正しく記述するものとして広く受け入れられてもいる。QCD には奇妙な特徴がたくさんあるが、中でも最も目立つのが「単独のクォークを直接測定することは決してできない」というものだ。これは、クォークの周りはグルーオンと他のクォークが取り巻いていて、これらのクォークとグルーオンが一体となった束縛状態の他は何も観察することができなくなっているためである。陽子はこのような、クォークとグルーオンが束縛状態になったものだ。中性子もそうだ。だが電子は違う。電子はクォークとは何の関係もなさそうである。もっと適切な言い方をすれば、電子はクォークと対等の立場にある——別ものだが対等、ということだ。現代素粒子物理学で広く受け入れられている考え方のひとつが、電荷はもしかしたら第 4 の色荷かもしれないというものだ。これに関連したさまざまなアイデアは、第 7 章で論じよう。

　D3 ブレーンの揺らぎは、QCD とよく似たゲージ理論によって記述される。D1 ブレーンの揺らぎについては、本書でもすでにお話しした。D1 ブレーンの揺らぎを捉える描像を 2 つご紹介したのだった。揺らぎは、D1 ブレーンに沿って伝わるさざなみと考えることもできれば、D1 ブレーンにくっつき、それに沿って動いている弦と考えることもできる。実は後者の描像のほうが、一般化して D3 ブレーンに当てはめやすい。3 つの D3 ブレーンを上下に重ねたとしよう。説明の便宜のために、それぞれ赤、青、緑と名づけることにする。ここで、1 本の弦が赤いブレーンから青いブレーンまで伸びているとすると、あ

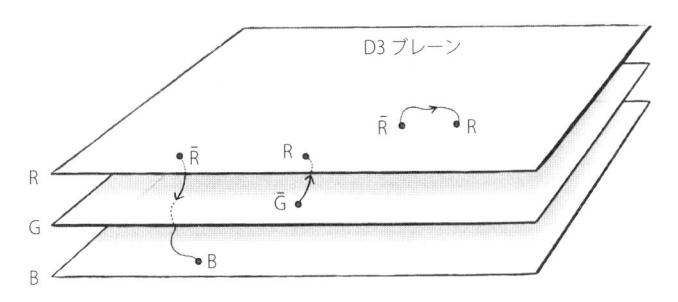

「赤(R)」、「緑(G)」、「青(B)」のラベルが付いた3枚のD3ブレーンが非常に接近した状態にある。あるブレーンから別のブレーンへと伸びている弦は、それらのブレーンの揺らぎをあらわす。

なたは直感的に、「ははあ、この弦は紫色だな？」と思うかもしれない。しかしそれは色の比喩を度を越して使ってしまっているのであって、正しくはない。この弦の色について正しく述べるなら、それは単に、「弦が赤から青まで伸びている」というだけだ。そしてこれこそが、グルーオンが持つ色についての正確な表現だということがわかっている。さて、今みなさんは、グルーオンに8つ種類があるのはなぜかを理解する一歩手前に到達した。赤から赤、赤から青、赤から緑。これで3種類。そして、青を出発点とする3種類。それから、緑を出発点とするものがさらに3種類。合計9種類だ。おやおや、1つ多いぞ！残念だが、どうして1つ多いのかを説明するには、理不尽なくらいたくさんの数学を新たに導入しなければならない。

グルーオンの種類が1つ多いという、このちょっとした問題に出くわすまでは、3つのD3ブレーンにくっついた弦からグルーオンが出てくるという説明で、うまく行っていた。クォークはこれよりややこしい。面白くて大事な結論はそれにふさわしいやり方で紹介したいので、この話は後にとっておくことにする。3つのD3ブレーンを持ち出したのは、ただ恣意的にそう選んだだけだったのははっきりしている。D3ブレーン1つ

だけでもよかったのだ。その場合、電磁気のように光子だけが出てきたはずだ。D3 ブレーン 2 つでもよかった。その場合は、前にご説明した、ゲージ群が球の対称性に対応している理論が出てきたはずだ。あるいは、何か大きな数 N を D3 ブレーンの個数に選んでいたなら、約 N^2 個というたくさんのグルーオンが出てきたはずである。

さて、次の一歩は、「たくさんのブレーンが集まっているとき、それを零度のブラックホールと見なすと、なかなかうまく記述できる」ということを思い出すことだ。第 5 章で、D0 ブレーンの場合についてこれをご説明した。D3 ブレーンでも話はほぼ同じである。たくさんの D3 ブレーンが上下に重なっていると、周囲の時空が歪んでブラックホールの地平面ができる。この地平面は D3 ブレーンを取り囲むが、あまりにたくさん次元があるので、その取り囲んでいる様子を目に浮かぶように説明するのは難しい。地平面の形は円筒に似ていて、あるいくつかの方向では丸まっているが、その他の方向ではまっすぐ伸びている。円筒なら、1 つの方向で丸まっており、もう 1 つの方向ではまっすぐ伸びているわけで、この 2 つの他に次元はないが、D3 ブレーンを取り囲む地平面は 5 つの方向で丸まっており、3 つの方向でまっすぐ伸びている。よって合計 8 次元だ。これは厄介だ！それに、QCD からはかけ離れている——少なくともそのように思われる。地平面の内側にある D3 ブレーンが振動エネルギーを余計に持っていたなら、地平面は少し大きくなり、有限の温度を得ることになる。

ゲージ理論と弦理論との間の双対性（以下、ゲージ／弦双対性と表記）において重要なのは、$E = k_\mathrm{B} T$ のような式を D3 ブレーンの振動に適用すると、その D3 ブレーンを取り巻いている地平面の温度についての理解が得られるという認識だ。このこと

が今どうして弦双対性と見なされているか、説明を試みさせていただきたい。有限の温度のもとにある D3 ブレーンの集合を記述する方法は 2 つある。1 つは、これらの D3 ブレーンの上をすべりながら動き回っているすべての開いた弦を追跡するという方法。もう 1 つは D3 ブレーンの集合を取り巻いている地平面を追跡するという方法だ。この 2 つの方法は、次の意味で相補的である。地平面があるとき、その内側に何があるかについて確かなことは何も言えない。言い換えれば、地平面が存在すると、D3 ブレーン上の弦を追跡することができなくなる。少なくとも、1 つひとつの弦を追跡することはできない。できるのは、総エネルギーのような総合的な量を追跡することだけだ。さて、地平面が存在するとき、グルーオンの相互作用は強くなる。グルーオンは分岐したり結合したりを頻繁に繰り返すようになり、また突然生まれ出たり、消滅したりする。あるいは、連鎖的に次々と新たなグルーオンを生み出し、それらのグルーオンで覆われてしまう。強い相互作用の弦理論と同様に、そのような状態の粒子をグルーオンだと特定するのはきわめて困難だ。このように地平面が出現することは、M 理論で新たな次元が開くのと、ある意味で似ている。地平面の出現により、グルーオンの強結合動力学は、余剰次元を用いて説明されるのである。

　ゲージ／弦双対性は、熱グルーオンのエネルギーを追跡できるだけではない。この双対性は、「D3 ブレーン付近の湾曲したブラックホールの幾何学は、D3 ブレーン上のグルーオンのゲージ理論と厳密に等価である」ととらえれば正しく理解できる。これは奇妙な言い方だ——なぜなら、この湾曲したブラックホールの幾何学は 10 次元なのに、グルーオンはたった 4 つの次元しか知らないのだから。しかも、重力が含まれる理論

(D3ブレーン付近における弦理論)を、重力を含まない理論(D3ブレーン上のゲージ理論)と結びつけているのだから、なおさら奇妙だ。一見したところこれは、他の弦双対性に比べてはるかに狭い範囲だけに限られた双対性のように思える。たとえばT双対性は、ⅡB型弦理論の全体をⅡA型弦理論に結びつけるし、あらゆる種類のDブレーンを他のすべての種類のブレーンに対応させる規則を含んでいる。これに対してゲージ/弦双対性は、D3ブレーンというたった1種類のブレーンの動力学だけを扱っているように見える。しかし実際には、たとえばグルーオンのみならずクォークも対象に含まれるようにするためになど、さまざまな興味深いかたちで、他のブレーンがゲージ/弦双対性に入ってくるのである。第8章ではゲージ/弦双対性を重イオン衝突の物理学に結びつけようとする試みをいくつか紹介するが、その中でゲージ/弦双対性についてさらに多くのことをご説明しよう。

　この章を締めくくる考察として、弦双対性と対称性は、どちらも「同じである」という認識を表現しているにもかかわらず、違うものだということを指摘させていただきたい。弦双対性によって結びつけられる2つのものは、対象とする次元の数が異なっている場合もある。また、つい今しがた見たように、一方は重力を含んでいるのにもう一方は含んでいないこともある。これはたとえば正方形のような意味で対称的なものとはまったく違うようだ。正方形の角はすべて同じだし、正方形の対称性は、正方形がいかに自らと同じかということを正確に説明する。一方、弦双対性の中には、その関係で結ばれる2つのものが、どちらかと言えば鏡像になっているように思えるようなものが珍しくない。たとえば、ⅡA型とⅡB型の2つの弦理論は、登

場するブレーンの種類は違うのに、実によく似ている。とはいえ、弦双対性が低エネルギー超重力に登場するとき、その登場の仕方は、正方形の対称性のような普通の対称性と密接に結びついている。弦双対性についてわたしたちがまだ完全には理解していない可能性もあるし、今後弦双対性に関するより統一的な見解が登場して、普通の対称性との間にもっと正確な類比ができるようになるのかもしれない。このような統一見解をほのめかすような報告も出てきてはいるが、現時点では、わたしたちがほんとうに理解していることのあまりに多くが、低エネルギー理論に関するものに限られてしまっている。

第7章

超対称性とLHC

　2008年の夏、わたしは完成間近となった大型ハドロン衝突型加速器(Large Hadron Collider, 略称LHC)を訪れ、LHCの主要な実験の1つを見学した。そこへ行ったそもそもの目的は会議に出席することだったのだが、見学はほんとうに面白かった。わたしが見せてもらったのは、小型ミューオン・ソレノイドという3階建てのビルぐらいの大きさがある装置を使う実験だ。わたしが見たとき、装置は組み立ての最終段階だった。巨大な円錐型の後端カバーが、樽型をした検出器の本体にちょうど取りつけられている最中だった。ちょっとデジタルカメラを思わせるデザインで、すべての部品が、陽子ビームの高エネルギー衝突が起こる検出器中央を向いている。
　会議が終わると、わたしはこの機会に乗じて、フレンチ・アルプスで少し登山をした。大したことはなかった——ちょっとした高山というだけのことである。最後にエギーユ・デュ・ミディへの尾根を登り、そこから連れと一緒にロープウェイで町まで降りた。わたしたちが登った尾根は、狭く、登山者が多く、しかも雪に覆われていることで有名である。どういうわけかみんな互いの体をロープでつないで登っているようだった。わたしは、誰一人として確かな支えにつながれていない状態で、グ

ループ全体をロープでつないで登山するのがよいと思ったことは一度もない。一人が落ちれば、他の人たちも引っ張られて足をすくわれてしまうのを防ぐのは、ほぼ確実な気がするからだ。だから通常は、自分を信じてロープは使わずに登るほうがいいとわたしは考える。しかし、正直に申し上げると、この尾根を登ったときは、他のみんなと同じように連れにロープでつながれて登った。連れはとても信頼できる登山者で、それにその尾根はそれほど険しくはなかったのだ。

　今振り返ってみると、互いをロープにつないで狭い尾根を登るチームは、LHCで実験に携わる人々が発見したいと願っているもののひとつ、ヒッグス粒子の恰好の比喩になっていると思う。つまり、こんなふうに考えるのだ。尾根の切っ先に立っているとき、あなたのバランスは不安定だ。両側とも相当険しい斜面なので、どちら側に落ちてもあなたは一巻の終わりだ。弦理論のタキオンはちょうどそのような状態にある。バランスが不安定なので、ほんのわずかな乱れで斜面を滑り落ち、弦理論研究者たちがまだ理解しはじめたばかりの恐ろしい運命へと向かう。たとえば8人がロープでつながれており、最初の1人が左側に落ちたとしよう。おそらく2人めも左側に引っ張られて落ちるだろう。3人めの人が、転落する2人の登山者の体重を支えられる見込みはなく、この人も転落するだろう。このような状況におけるほんとうに正しい行動とは、ロープを信じて尾根の反対側に飛び降りることだが、どういうわけだか、これを実行するのは難しい。

　さて、タキオンとヒッグス粒子に戻ろう。わたしが言いたいのは、タキオンが存在するということは普通、空間のあらゆる点が不安定だということを意味しており、しかもこれら各点の不安定性はロープでつながれた登山者チームのように「ひとつ

に結びつけられている」ということだ。1個のタキオンが、空間のある1点である1つの方向に転がり始めたなら、近くにいる他のタキオンたちも一緒に引きずられてしまうという傾向がある。

　ヒッグス粒子は、タキオンたちが「凝縮」し終えたあとに何が起こるかを記述するものだ。(「尾根からの転落」に相当する現象を専門用語では「タキオン凝縮」と呼ぶ。) 尾根の上から転落した不運な登山チームが幸運な結末を迎えたと想像してみよう。彼らは谷底まで滑り落ちるが、やがてゆっくりと停止する。彼らは疲労困憊しており、斜面を登って尾根の上まで戻ることはできないとしよう。そこで彼らは谷底付近をうろつき、ときどき奮起して斜面を少し登るが、やはり滑って谷底に戻ってしまうということを繰り返す。ヒッグス粒子とは、大ざっぱに言ってこのようなものである。タキオンが空間のあらゆる場所で凝縮したとき、それぞれのタキオンの静止点の周辺に生じる量子揺らぎがヒッグス粒子なのだ。

　ヒッグス粒子をロープでつながれた登山者たちになぞらえることの問題点は、ヒッグス粒子が運動する方向が、わたしたちが慣れ親しんでいる空間の3つの方向ではないということだ。その方向は、時空の余剰次元のようなものである——ただし、数学的にはもっと扱いやすい。また、ヒッグス粒子はまだ仮説でしかないということも見逃してはならない。そんな粒子は、そもそも存在しないかもしれないのだ。

　ヒッグス粒子は仮説でしかないにもかかわらず、この粒子に基づいた魅力的で深遠な理論が構築されており、それは数十年にわたって、素粒子物理学の実証的な記述としては最高のものという地位を占めてきた。その理論は「標準模型」と呼ばれている。「標準」という言葉は、この理論は広く認められている

という意味だ。「模型」という言葉は、それはまだ暫定的なものであり、ほとんど間違いなくまだ不完全だという事実を指し示している。標準模型の内容はタキオン凝縮にとどまらない。なかでも特筆すべきは、「ヒッグス粒子は電子やクォークをはじめとする、原子よりも小さい粒子の質量を支配している」という主張だ。シカゴ近郊にあるテヴァトロンという加速器では、ヒッグス粒子が発見されるのではないかと、もう何年も期待されてきた。それが現実となるという希望はまだ消えてはいない。だがLHCでは、ヒッグス粒子か、さもなければそれに代わる何か風変わりなものが発見されるに違いないと考えられている。この加速器よりも先に計画されていた、テキサス州の超伝導超大型加速器では、劇的な新発見がいくつもなされる可能性はもっと高かった。建設は1991年に始まった。ところが1993年になって、議会は計画中止を決定した。これによってアメリカの納税者たちは100億ドルを節約できたようだ。だがわたしは、これは間違った選択だったと思う。なぜならこれが、アメリカがヨーロッパに、実験素粒子物理学における当面の主役の座を譲ったことを意味することは間違いないからだ。ありがたいことに、欧州諸国はLHCの建設を遂行した。そしてアメリカ人たちも、LHCでの取り組みに大いに貢献している。したがって、重要な大発見ができるチャンスは、わたしたちアメリカ人にもまだある。

超対称性の奇妙な数学

　LHCにかかっている大きな期待の1つは、超対称性が発見されるかもしれないということである。超対称性は、超弦理論のバランスを保つ対称性だ。タキオンを除去することでそのバランスが実現するのだが、これについては第4章で簡単にご説

明した。また、超対称性は、重力子と光子を関連づけ、D0ブレーンの安定性も保証する。こちらについては第5章でお話しした。論理的には、超対称性と弦理論は別のものだ。しかし両者は深く結びついている。超対称性が発見されたなら、それは弦理論は正しい方向にあるという堅固な保証となるだろう。もっとも、弦理論がなくても超対称性は成り立ちうると言い立てる懐疑論者はいつまでもいるだろう。彼らの主張は完全に間違っているというわけではないが、弦理論なしに超対称性が成立するとしたら、それはあまりに大きな偶然で、とても信じられないだろうとわたしは思う。

　だが、超対称性とはいったい何なのだろう？本書の中でもすでに何度か、この問いそのものには触れずとも、関係のある話をしている。ここでは、この問いに正面から取り組ませていただきたい。超対称性は、きわめて特異な種類の余剰次元を必要とする。ここで、わたしたちが慣れ親しんでいる次元も、わたしがこれまで説明してきた弦理論の余剰次元も、長さで測られるということを思い出そう。そして長さとは、2インチ、10kmなどの数である。2つの長さを足し合わせて別の長さを得ることもできれば、2つの長さを掛け合わせて面積を得ることもできる。ところが、超対称性の余剰次元は数で測ることはできない。少なくとも、普通の数では測れない。これらの次元は非可換数という、超対称性の奇妙な数学の基盤をなす特殊な数で記述されるのである。非可換数は、フェルミオンと総称される、電子、クォーク、ニュートリノなどを記述するのにも使われる。「非可換」も「フェルミオン」も本書ではまだ定義していないが、ものをその本当の名称で呼ぶため、あるいは、あまりたくさん数学を使わずにものの本当の名称にできる限り近づくために、これらの名称を使い続けさせていただく。超対称

第 7 章　超対称性と LHC

性の余剰次元はフェルミオニック次元(訳注：弦理論に超対称性を加えたときに登場する余剰次元を本書で指す言葉で、これに対して普通わたしたちが親しんでいる次元をボソニック次元と呼んでいる。フェルミオニック次元は、一般的には「反可換な空間」と総称される。反可換とは、この後の説明で出てくるように、演算時に項を入れ替えるとマイナスの符号が付くという性質)と呼ばれている。

　奇妙奇天烈なフェルミオニック次元とはどのようなものか、少し説明しよう。みなさんが前に進むか横に進むかを選べるのと同じように、フェルミオニック次元の中でも動くか動かないかを選ぶことができる。だが、フェルミオニック次元の中で動くとき、動ける「速度」は1つしかない。速度と呼んではいるが、これはフェルミオニック次元の中で動くとはどういうことかを示す、ごく荒っぽい喩えに過ぎない。もっと近いもの——それでもなお不完全だが——は、スピンだ。フェルミオニック次元の中で動くときには、動かないときよりもスピンが大きくなる。独楽のスピンは、手を離す前にどれだけ強くねじるかに応じて大きくなったり小さくなったりする。しかし基本粒子は、特定の大きさのスピンしか持つことができない。ヒッグス粒子は(存在するとすれば)スピンを持たない。電子は最小値のスピンを持つ。光子のスピンはその2倍だが、先にお話ししたように、光子スピンの軸は光子の運動方向と一致していなければならない。重力子は光子の2倍のスピンを持っている。そしてこれが上限だ。基本粒子は重力子よりも大きなスピンを持つことはできない。もし超対称性が正しければ、ヒッグス粒子はフェルミオニック次元のなかではまったく動いていないことになる。電子は1つのフェルミオニック次元のなかだけで動く。光子は2つのフェルミオニック次元のなかで動く。重力子の場合、話は少し厄介だ。フェルミオニック次元がいくつ存在するかによっ

143

て、重力子のスピンは、一部はフェルミオニック次元の中での運動によるもので、一部は通常の時空の次元に固有のものという状況になりうるのである。

　まとめると、「これらのフェルミオニック次元には一種の排他性がある」ということだ。粒子はそれを経験する（電子のように）か、経験しない（ヒッグス粒子のように）かのどちらかだ。この排他性は、「排他原理」と呼ばれる別のかたちでも現れる。これは、「2つのフェルミオンは同じ量子状態を占めることはできない」という原理だ。電子はフェルミオンだが、ヘリウム原子には電子が2個含まれる。これら2つの電子は同じ状態にあることはできない。ヘリウム原子核の周りを、それぞれ異なる振動数で振動するか、スピンが異なるか、あるいはこの両方が異なる状態でなければならない。「排他原理に従うもの」というのがフェルミオンの定義である。

　それ以外の粒子はすべてボソンだ。光子、重力子、グルーオン、そしてヒッグス粒子——これは存在するとしてだが——はボソンである。ボソンはフェルミオンとはまったく異なる。他のボソンと同じ状態に存在できるだけではない。他のボソンと同じ状態になりたがるのだ。超対称性はボソンとフェルミオンを結びつける。どのボソンに対してもフェルミオンが1つ存在し、逆に、どのフェルミオンに対してもボソンが1つ存在する。たとえば、もしもヒッグス粒子が存在して、しかも超対称性が正しければ、ヒッグス粒子に対応するフェルミオンが存在することになる。この粒子はヒッグシーノ、あるいはシッグス粒子と呼ばれることがある。呼び名はともかく、ヒッグシーノの本質は、フェルミオニック次元の中を運動しているヒッグス粒子である。

　フェルミオニック次元を描くのは難しい。フェルミオニック

次元を研究するには普通、奇妙な代数規則が使われる。たとえば、フェルミオニック次元が2つあるとしよう。それぞれを表すのに、aとbという文字を使うことにする。これらの文字は足し合わせたり掛け合わせたりすることができ、そのときは普通の代数規則のほとんどがあてはまる。たとえば、次のような式が成り立つ。

$$a + a = 2a$$
$$2(a+b) = 2a + 2b$$
$$a + b = b + a$$

しかし、これらのフェルミオニックな量を掛け合わせるときには、次のような非常に奇妙な規則が使われる。

$$a \times b = -b \times a$$
$$a \times a = 0$$
$$b \times b = 0$$

これはいったいどういうことかというと、このように考えるといい。「1」はボソニック次元の中だけで運動しているということを表す。「a」は、1つめのフェルミオニック次元の中で運動しているということ。そして「b」は、2つめのフェルミオニック次元の中で運動しているということである。1つめのフェルミオニック次元の中で2倍動くことを、$a \times a$で表そうとしたとする。ところが$a \times a = 0$という規則があるので、この動きは禁じられている。$a \times b = -b \times a$はもっと説明が難しい。これがフェルミオニックな量の代数に規則として自然に含まれているのはどうしてかを理解するには、掛け算の規則を、「任意のqに対して$q \times q = 0$である」と言い直す必要がある。$q = a$ならば、この規則から$a \times a = 0$となる。$q = b$ならば、$b \times b = 0$

145

である。では、$q=a+b$ のときはどうなるだろう？展開してみよう。

$$(a+b) \times (a+b) = a \times a + a \times b + b \times a + b \times b$$

となる。

　みなさんも高校の数学の授業でこのような掛け算をやったことがおありに違いない。わたしの先生たちはこれを FOIL 展開と呼んでいた。式の右辺の第1項は、「左辺の左側の因数の第1項」に「左辺の右側の因数の第1項」を掛けたものだ。「第1項－第1項」なので、英語の「第1」(first)の頭文字を取って「F」と略す。右辺第2項は、左辺の因数のそれぞれから外側の項を取って掛け合わせたものだ。英語の「外側」(outer)の頭文字を取って「O」と略す。右辺第3項は、左辺左側の因数から b、右側の因数から a を取っているので、内側の項の積である。「内側」(inner)の英語の頭文字は「I」だ。右辺第4項は左辺の2つの因数から最後の項を取り出して掛け合わせたものなので、「最終項－最終項」(last)という意味から「L」である。さて、ここからが面白いところだ。わたしたちは、任意のフェルミオニックな量 q に対して $q \times q = 0$ だと仮定している。これは、q が a であれ b であれ、あるいは $a+b$ であれ同じだ。この仮定を使えば、今わたしが逐一解説した FOIL 展開は、

$$0 = a \times b + b \times a$$

となる。これは、わたしが説明したかった $a \times b = -b \times a$ と同じである。この一連の議論でご理解いただきたい重要なことは、「フェルミオニック次元は奇妙な代数を必要とする」ということだ。フェルミオニック次元とは、それを記述する代数規則に過ぎないと言っても間違いではない。

超対称性は、ボソニック次元とフェルミオニック次元の間の回転の元で成り立つ対称性だ。これはいったいどういう意味なのだろう？それはこうだ。対称性は、正方形を90度回転させても同じに見えるというような、同一性に関する概念である。ボソニック次元は、長さや幅のようにわたしたちが慣れ親しんでいる普通の次元である。（弦理論で出てくる6つの余剰次元もボソニック次元だが、さしあたっては関係ない。）一方フェルミオニック次元は、要するに前のパラグラフでご説明したような、妙な代数規則である。ボソニック次元とフェルミオニック次元の間の回転とは、1個の粒子が回転の前にボソニック次元のなかで運動していたとすると、回転後はボソニック次元のなかでは運動していない状態になり、その粒子が回転前にボソニック次元のなかで運動していなかったとすると、回転後はボソニック次元のなかで運動しているということだ。物理学では、初めにボソンがあったとして、それを回転させてフェルミオニック次元に入れると、そのボソンはフェルミオンになる。この回転を数学を使って表現すると、最初にあった「1」という数（ボソニック次元を代表するもの）を a または b（フェルミオニック次元を代表するもの）に置き換える操作となる。同一性が成り立っているのは、回転の結果得られたフェルミオンの質量と電荷が回転前のボソンと一致するという点においてだ。この同一性は、超対称性による最も華々しい予測のひとつへとつながっている。その予測とは、「どのボソンに対しても、それと質量と電荷が同じであるフェルミオンが存在し、しかもこの主張は、文章の中でボソンとフェルミオンを入れ換えても成り立つ」というものである。
　ひとつ確実にわかっているのは、世界は完全に超対称ではないということだ。もしも電子と同じ質量と電荷を持ったボソン

が存在したなら、その存在は絶対にもう知られているはずだ。もしもそんな粒子が存在したなら、まず何より原子の構造はまったく違っていただろう。ということは、超対称性はタキオン凝縮と似たような何らかのメカニズムによって「破られている」、つまり損なわれているのかもしれない。この、対称性なのに実際は対称性ではないという、新しい奇妙な対称性の話をお聞きになって、どこかに巧妙なごまかしがあるのではないかと訝っておられるとしても、それはあなたが悪いのではない。弦理論の大部分がそうであるのと同じように、超対称性もまた、実験物理学と確固たる接点のないまま長々と論理的思考が連なっている状況なのだ。

　超対称性とフェルミオニック次元という2つの奇妙な概念がLHCでの新発見によって確かめられるとしたら、それはわたしたちが生まれてから起こった何事をも超えた純粋理性の勝利である。多くの人がこれに真剣に望みをかけている。だが、望むことと、それを実現することとは違う。超対称性は、何らかの近似的なかたちで存在するか、あるいは存在しないかのいずれかだ。率直に言って、どちらであってもわたしは大いに驚くだろう。

万物の理論——かもしれない

　ここで、弦理論が現実世界をどのように説明するかについて、標準的にどのように考えられているかを大まかにご紹介しよう。弦理論は10次元を出発点とする。もちろんここでお話ししているのは超弦理論なので、この他にフェルミオニック次元もいくつか存在する。しかし、さしあたりそれは無視することにしよう。この10次元のうち6つは、かなり複雑な方法で巻き上げられている。この巻き上げ方を記述する方法としては、超対

称性と、世界面の記述法が持つ他のいくつかの性質とを利用して、超弦理論の数学的構造をうまく使うやり方が好まれている。巻き上げられた次元は小さい——振動する弦の代表的な大きさの2、3倍だろう。弦の倍音の振動モードはどれもあまりに大きいため、LHCで探ることができる物理学では基本的には何の役割も演じない。最も重要な情報をもたらすのは弦の最低振動モードだ。提案されているいくつかのシナリオにおいては、Dブレーンもしくは他のブレーンが余剰次元の中にたくさん撒き散らされていて、それらのブレーンが、LHC物理学に関係する弦に新たな量子状態を与える。

　弦理論に登場する10次元のうち6つが巻き上げられることに納得できると、次は残った4つの次元の中ではどのような物理学が成り立っているのかがどうしても知りたくなる。その答えは、そこでは重力が常に存在し、さらにたいていの場合はQCDに良く似たゲージ理論も成り立っている、というものだ。重力は、6つの余剰次元全体にわたって量子力学的に広がっている、質量ゼロの弦の状態から生じる。ゲージ理論のほうは、重力と同様に余剰次元全体に存在する何らかの弦の状態から生じるか、あるいは、ブレーンに付随する余剰な弦の状態から生じるか、いずれかの可能性がある。

　4次元のなかに重力が出てくるのは結構なことだ——一般相対性理論で、そのように記述されているのだから。したがって、弦理論が「万物の理論」なのかどうかという問いは、余剰次元を巻き上げることによって得られるゲージ理論が、原子より小さな粒子について現実的な予測を提示できるかどうかという問いにほぼ帰着する。このゲージ理論をもう少しよく理解するためには、前にQCDのゲージ対称性を赤、緑、青という3つの色を使って記述したことをまず思い出していただきたい。万物

――クォーク、グルーオン、ニュートリノを初めとするすべて――を記述できる見込みが一番高い候補者は、少なくとも5つの色を持っている。弦理論の構造は、5色のゲージ対称性を数種類の自然な方法で含むことができる。これらの5色がまだそろっていないのは、何かがそのうちの2色を他の3色から分け隔ててしまっているからだ。この何かは、ヒッグス粒子と似たようなものかもしれないが、そうではないとする立場もある。なぜよりによって5色かというと、フェルミオンを列挙したときのことを思い出していただきたい。クォーク、電子、ニュートリノの3つがフェルミオンだった。クォークには3色あるが、電子とニュートリノはそれぞれ1色ずつしかない。3足す1足す1は5だ。実に単純なことである。

　ここで、ひと呼吸おいてみてみると、最善の構造を持つ弦理論はどれも、わたしたちが素粒子物理学の実験についてこれまでに見てきたことと驚くほどよく似た低エネルギー物理学をもたらすことに気づく。これらの弦理論は普通、超対称性を必要とし、さらに、ヒッグス粒子を1個ではなくて2個要求する。そのうえ、質量がヒッグス粒子に近い他の粒子も多数必要とする。また、ニュートリノの質量がきわめて小さいこととも矛盾しない。それから、一般相対性理論が記述するとおりの重力を含んでいる。全体として、これは非常に見事だ。基礎物理学で登場する他のどんな理論的枠組みも、これほどまでに、正しい動力学的性質を正しい要素に対してあてがうことはできない。弦理論研究者たちが、まさにこれが正しいという1つの構造を見つけることさえできれば、それが「万物の理論」となりそうだ。つまり、そのような構造の弦理論は、すべての基本粒子と、それらの粒子が経験するすべての相互作用と、それらの粒子が従うすべての対称性を含んでいるはずだ。そうすればあとは、

この理論の方程式を解いて、電子の質量からグルーオン同士の相互作用まで、素粒子物理学において測定可能なあらゆる量を予測すればいいだけとなるだろう。

　しかし、なかなか解決できない問題もいくつかある。第一、6つの余剰次元の大きさと形状に依存している部分が多いのだ。たとえばわたしたちは、これらの次元が平らではありえないとする理由など、ひとつも知らない。言い換えれば、わたしたちは、わたしたち自身を10次元ではなく4次元の中に強制的に住まわせているような動力学などまったく知らないのだ。ひとつの可能性は、初期の宇宙ではすべての次元が巻き上げられていたが、何らかの理由で、9つすべてではなくて、そのうち3つだけが、今わたしたちが経験している空間次元へと展開するほうが容易だったということだ。だがこの説にしても、余剰次元がとっているとされる形について、どうしてそんな形をとっているかは説明できない。さらに悪いことには、余剰次元はくにゃくにゃしている傾向がある。これはどういう意味かをおわかりいただくために、D0ブレーンの塊についての議論を思い出していただきたい。D0ブレーンの塊もある程度くにゃくにゃしている。というのも、個々のD0ブレーンは、他のD0ブレーンたちから離れて飛んでいかないようにという制約はほんのわずかしか受けていないし、さらに、塊の外側にあるD0ブレーンはこの塊から引力も斥力も受けないからだ。余剰次元がくにゃくにゃだということは、D0ブレーンが塊から逃れるのと同じくらい容易に、余剰次元は自らの大きさや形状を変えられるのだということを意味する。

　これらの余剰次元を縛り上げて拘束し、くにゃくにゃ動き回らないようにする方法を見つけようと、相当な努力が続けられている。くにゃくにゃ対策には、ブレーンと磁場がよく使われ

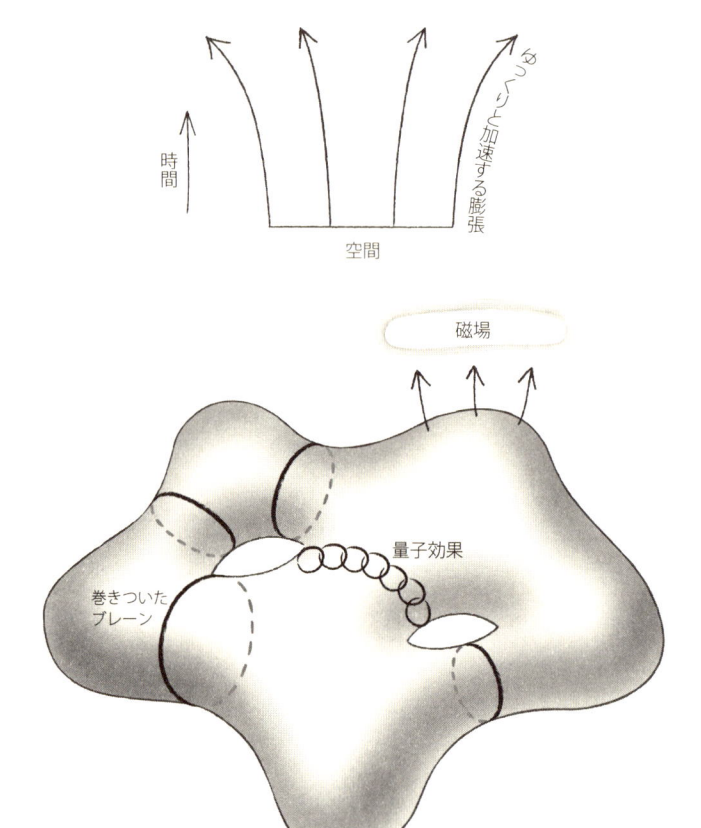

図中のラベル:
- 時間
- 空間
- ゆっくりと加速する膨張
- 磁場
- 量子効果
- 巻きついたブレーン

弦理論による世界の姿(かもしれない図)。通常の4次元(上)は、ゆるやかに膨張する傾向がある。6つの余剰次元(下)は、膨れてはみ出したり、形が変わったりしないように、弦で巻いたり、その他のさまざまなトリックで押さえ込まねばならない。

る。ブレーンの役割はすぐ理解できる。つまりブレーンは、小包の周りに巻いて縛りつける荷縄のようなものである。だが、その小包がものすごくくにゃくにゃしているとしたらどうだろう？あちらこちらで膨らんではみ出してしまわないようにするには、何箇所にも荷縄を巻かねばならず、たくさんの荷縄が必要になる。磁場も、余剰次元を何らかのかたちで安定化させる

ために、これと似たような役割を演じる。

　こういう話を聞けば、余剰次元は複雑だという印象を持たれるだろう。余剰次元がくにゃくにゃ動き回らないように拘束する方法は、おそらく途方もなくたくさんあるのだ。しかし、このように無数の可能性があることは、宇宙定数問題と呼ばれるもうひとつの問題をなんとかしたいという立場からは、良いことだと受け止められることも多い。ごく簡単にお話しすると、もしも宇宙定数が存在するなら、時空の3つの次元そのものが時間の経過に伴って膨張する傾向を持つことになる。ほとんどの銀河がわたしたちから遠ざかっていることが天文学的観察によって確かめられており、これは宇宙そのものが膨張しているということだと解釈されている。宇宙定数はこの膨張を加速させる。実のところ、この10年間の観察は、宇宙の膨張は実際に加速しており、その加速の仕方は宇宙定数がきわめて小さいとしたときと(これまでのところ)一致することを示しているようなのだ。わたしたちが弦理論を使って世界を記述したいのなら、どうやら6つの余剰次元を縛り上げて拘束し、絶対に動けないようにしたうえで、通常の3つの次元については、ほんの少し膨張し、しかもその膨張を加速させるという傾向を持たせた状態で、拘束はせずにおいておく必要がありそうだ。いったいどうすればそんなことができるのか、突き止めるのは難しい。だが、余剰次元を拘束する方法は、確かにとてつもなくたくさんあるようだ。これほどたくさんの可能性があるのだから、すべてがうまく働いて、宇宙定数が十分小さな値の範囲に入るようなものが少なくとも2つ3つは存在するに違いないと主張する弦理論研究者も何人かいる。わたしたちの宇宙はたまたま、余剰次元がちょうどいい方法で縛り上げられているような宇宙なのだというわけだ。さもなければ、知性ある生物はおそらく存

在しえず、したがってわたしたちは存在しないだろうと、彼らの議論は続く。だが議論の全体を見るに、このような論法が弦理論で役立つとは、わたしにはどうも納得できない。

　弦理論研究者たちは、20年以上にわたって、万物の理論をどうやって構築するのかという問いに取り組み続けている。巻き上げられた余剰次元は、その取り組みの中で常に何らかの役割を担っている。弦理論を学べば学ぶほど、ますます多くの可能性が存在するように思えてくるので、ちょっと厄介に思えてしまう。弦理論をもとに完全に現実的な4次元物理学を構築することの難しさは、理論物理学の別の分野が長年抱え続けている、別の問題になぞらえてみる値打ちがありそうだ。その問題とは、高温超伝導である。1986年に初めて発見された高温超伝導体は、目立ったエネルギー損失もなしに、大量の電気を伝導することができる。高温超伝導という名称は少し言いすぎだろう。ここで問題になっているのは、空気の凝固点付近の温度だからだ。しかしこれがそれまで知られていた超伝導体に比べればかなりの高温であることは確かで、しかも、すでにいくつか重要な工業的応用もなされている。だが理論的には、高温超伝導の原理を理解するのは非常にむずかしい。通常の超伝導を説明する理論は1950年代に登場しており、それは電子対に基づいている。電子対を一体化する力は、音に基づくものだ。電子たちは、原子1個の何倍にもなる距離にわたって互いに相手のことを「聞いて」知り、その結果、エネルギー損失を避けるようにお互いの運動を調和させる。まるで魔法だ。だが、同時に脆弱でもある。熱運動が激しすぎれば電子対は形成されない。まるで熱雑音にかき消されて、電子たちが互いに「聞く」ことができなくなるかのようだ。電子同士が音波を介して互いの運動を調和させるというこの1950年代の説明をどんなに細工し

ても、高温超伝導の驚異的な性質を説明することはできないだろうと信じられてきた。高温超伝導体の中でも電子たちは対を作っているのだろうが、もっと短い距離で、もっと強い結びつきをしているのだと考えられる。どうやら電子たちは、周囲の微細な構造を利用して対を作っているようだ。どうしてそんなことが起こるのかについて、そこそこ説得力のある理論的提案がなされているが、この問題はまだ解決されていないとわたしは考えている。

解決済みか否かは別として、高温超伝導は弦理論にいくつか教訓を与えてくれているようだ。一番の教訓は、純粋な論理だけでは往々にして不十分だということだ。高温超伝導は実験によって発見され、それ以来一貫して、それに追いつこうと理論が悪戦苦闘を続けている。世界を記述する正しい理論は、わたしたちが現在想像できるものとはまったく違っている可能性がある。電子たちが音波を介して儚い対を作っているという話からわたしは、かろうじて一体に保たれているくにゃくにゃした余剰次元を連想する。超伝導についての最新の説明が1950年代の理論とはまったく違うのと同じように、弦理論と実際世界との関係のしかたは、ブレーン、磁場、余剰次元を束ねて一体化した理論とはまったく違うのかもしれない。そして、弦理論と現実世界との関係のすべてが明らかになるには、高温超伝導の理論的解明と同じぐらい時間がかかるのかもしれない。

粒子、粒子、粒子

第5章では、光子、重力子、電子、クォーク(クォークは6種類！)、グルーオン、ニュートリノ、そして他に2、3種類とご紹介し、既知の素粒子のリストはとても長いのだということを少しほのめかしておいた。そのリスト全体を説明しても、異な

る粒子がたくさんあり、それぞれが独自の性質を持って独特の相互作用を行っているという、初めから明らかなこと以上にこれといって何かが得られるわけではない。こうも長大なリストを前にすると、もっと少数の基本要素とより深いレベルからの説得力ある説明をもたらす統一的な理論が切に求められる。化学で使われる周期律表についてのそのような統一的理論は、原子論から導き出されるものだ。ヘリウム、アルゴン、カリウム、銅などは、化学反応において昔から観察されているように、それぞれまったく異なった元素である。ところが原子論は、これらの元素はすべて、陽子と中性子からなる原子核の周りで量子状態を取って振動している電子からなっているということを明らかにしている。そしてこれらの元素はさらに、弦理論によって統一的にまとめられるのかもしれない。ただ、弦理論に出てくるものたちの長いリスト——Ｄブレーン、ソリトン的５ブレーン、Ｍブレーンなど——については、弦双対性のレベルを越えた統一がどのようになされるのか、それどころか、そもそもそんな統一が可能なのか、誰にもわからない。

　これまでに発見された最大の素粒子はトップクォークだ。その質量は、陽子の質量の約182倍である。1995年、アメリカ最大の加速器テヴァトロンで発見された。巨大なリング(周長約6.3km)の周りに陽子と反陽子を高速で回転させて正面衝突させる実験が行われたのだ。衝突時、陽子も反陽子も自分の静止質量の1000倍にもなるエネルギーを持っている。このような衝突でトップクォークが生じる可能性があるのも当然だ——なにせ、使えるエネルギーはたっぷりあるのだから。それどころか、トップクォークの10倍も重い粒子を生み出すに十分なエネルギーがあるように思える——合計すると、1000＋1000＝2000陽子質量のエネルギーになるのだから。しかし残念なが

ら、このエネルギーがすべて 1 個の粒子の生成につぎ込まれることは絶対に不可能だ。それは、陽子と反陽子のもつ構造のせいだ。どちらの粒子も、クォークを 3 個とグルーオンを何個か含んでいる。陽子と反陽子が衝突するとき、ほとんどのクォークとグルーオンはぶつからずに互いにすれ違ってしまうか、かすめるだけで飛んでいってしまうかのいずれかである。興味深いのは、陽子の中のクォークかグルーオンどちらか 1 個が、反陽子のクォークかグルーオンどちらか 1 個に激しく衝突する場合だ。このような激しい衝突——普通「ハード・プロセス」と呼ばれている——こそが、テヴァトロンでトップクォークを生み出しているのである。ハード・プロセスは、ヒッグス粒子も生み出すはずだ——ヒッグス粒子が存在するとすればだが。ハード・プロセスに関与するのは、陽子のたった 1 個のクォークまたはグルーオンと、反陽子のたった 1 個のクォークまたはグルーオンだけなので、トップクォークを作るのに使えるエネルギーは衝突の総エネルギーのほんの一部だけなのである。

　LHC では、陽子の質量の約 15,000 倍もの総エネルギーで陽子のペアを衝突させる予定だ。ハード・プロセスで使えるエネルギーの量は、この約 10 分の 1 であろうと考えられる——それ以上のときも、それ以下のときもあるだろうが。大ざっぱな数字で話をすると、LHC は静止質量が陽子の 1000 倍までの粒子を大量に生み出すだろうと期待される。また、これより重い、陽子質量のおそらく 2000 倍までの粒子も、生成されるはずである。

　だが、粒子が重くなればなるほど、ハード・プロセスが持つエネルギーでその生成に十分足りることは稀になっていく。

　では、LHC ではいったいどのような種類の粒子が発見されると期待できるのだろう？　わたしがこれを書いている時点では、

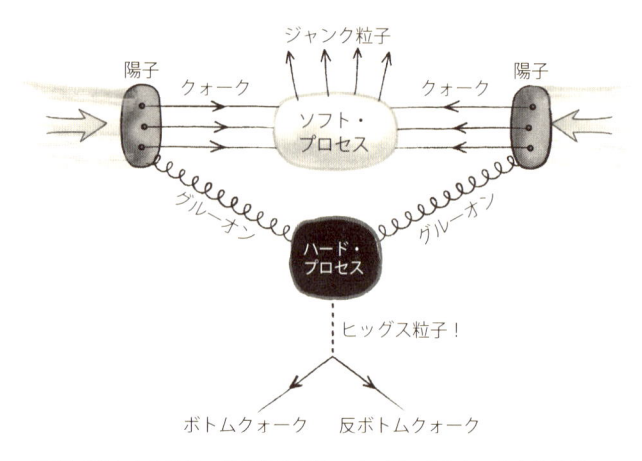

LHCで行われる陽子‐陽子衝突実験では、図に示されるような過程でヒッグス粒子が生じるかもしれない。この図では、生じたヒッグス粒子は即座に崩壊して、検出可能な粒子である、ボトムクォークと反ボトムクォークとなっている。しかし、同時に夥しい数の「ジャンク粒子」も生じ、実際に何が起こったのかを覆い隠してしまう恐れもある。

「よくわからないが、何か発見されないとまずいことになる」というのが正直な答えだ。わたしは、何も発見されなかったならLHCは巨額の資金の無駄遣いになってしまうという意味で言っているのではない——とはいえ、何も見つからなければ無駄遣いになってしまうのは誰の目にも明らかなのだが。わたしが言いたいのは、LHCで探究されるエネルギー範囲には何かが潜んでいるはずだという十分な理由が、超対称性や弦理論とは別に存在するということだ。潜んでいるのはヒッグス粒子だけかもしれない。いちばん見込みがあるのは、ヒッグス粒子と他の何種類かの粒子が潜んでいるということだ。運がよければ、超対称性が潜んでいるかもしれない。このエネルギー範囲には何かがあるはずだという議論は、繰り込みをその論拠としている。繰り込みについては第4章で手短に定性的な説明をしたが、ここでみなさんに思い出していただくためにざっとおさらいすると、繰り込みとは、電子を、というよりもむしろ任意の粒子

を取り巻く仮想粒子の雲に対処するための数学的な機構であった。この機構がはたらくには、LHC が探究するはずの範囲のエネルギーの中にヒッグス粒子のようなものが存在しなければならない。しかも、この機構が順調にはたらくには、ヒッグス粒子の他に超対称性のようなものも必要である。だが、わたしたちが使う数学的機構は、現実世界とは別ものだということを忘れないようにしよう。わたしたちが完全に間違っているという可能性もあるのだ。LHC には、わたしたちが想像したこともないようなものが潜んでいるかもしれない。それこそ最高にわくわくする可能性だ。あるいは——わたしたちが十分筋の通ったあれやこれやの期待をしているにもかかわらず——見るべきものは何もないのかもしれない。

　さて、LHC における物理を記述する理論の候補と考えられている超対称性に戻ろう。先に説明したように、超対称性が示す驚くべき予測は、わたしたちが知っているすべての粒子に対して、質量と電荷が同じで相互作用も本質的に同じだが、スピンが異なる新しい粒子が 1 個存在するというものだ。わたしたちは電子を知っているが、超対称性は超電子、あるいは「スエレクトロン」が存在すると予測する。わたしたちは光子を知っているが、超対称性は超光子、一般的な呼び名では「フォティーノ」が存在すると予測する。さらに超対称性は、スクォーク、グルイーノ、スニュートリノ、グラビティーノの存在も予測している。ヒッグス粒子にも超対称パートナーがあって、これは普通ヒッグシーノと呼ばれている(「シッグス」と呼ばれることもある)。もっとも、これも先にご説明したが、超対称性が厳密に正しいことはありえない。たとえば、電子と同じ質量を持ったスエレクトロンは、わたしたちが知る限り存在していない。しかし、この近似的にしか成り立たない、言い換えれば「破れ

た」対称性はなおもスエレクトロン、フォティーノ、スニュートリノをはじめ、一連の超対称性パートナー粒子の存在を予測しているのである。ただし、これらパートナー粒子の質量は、既知の粒子よりも相当大きいかもしれないという。これら超対称性パートナー粒子(そう、これらは「スパーティクル」と呼ばれている)のすべて、あるいはほとんどが、LHCで調べられる範囲内の質量を持っていると仮定するのは妥当だろう。そしてもし本当にそうなら、そのときLHCは、5、6個どころか10個以上の素粒子を生み出し、史上最もたくさんの素粒子を作り出す発見マシンとなるだろう。

　既知のすべての粒子と大きさが同じ一連の新粒子を要求する対称性など、一歩前進どころか一歩後退ではないかと思われるかもしれない。いったいわたしたちは、より少数の要素でより多くを説明できる統一的描像を求めていたのではなかったか？ 超対称性について初めて学んだとき、わたしもまさにこのように思った。だが、こんなふうに比較して考えてみる価値は十分ある。1920年代に発見された電子の方程式は、反電子(普通、陽電子と呼ばれている)の存在という、まったく思いがけない予測をもたらした。その後まもなく、当時知られていたほとんどすべての粒子に対してその反粒子が存在することを、物理学者たちは予測していた。そして、これらの反粒子は予測どおりに発見されたのである。わたしにとっては、超対称性にはこれに匹敵するような必然性のオーラがない。超対称性が既知の粒子を記述するのにどれだけ必要なのかというと、電子の方程式がどうしても必要だったほどではないのである。もっとも、まだ明らかになっていないことをあれこれ考えての話と、すでに起こったことを振り返ってみての話とを比較するのは公平ではないかもしれないが。

第 7 章　超対称性と LHC

　ある粒子が存在し、しかも LHC で発見可能な範囲の質量を持っているということと、実際にその粒子が発見されるということはまったく別だ。どうしてかというと、衝突で生じる意味のない大量のノイズから必要なものだけを抽出して何が起こったかを再構築するのは、実に煩瑣な作業だからだ。実際、テヴァトロンでも、もう何年にもわたってヒッグス粒子を生成していたのに、あまりに細かな再構築作業が必要なために見過ごされてきたという可能性だってある。実のところ、たいていの物理学者たちは、ヒッグス粒子の質量は陽子の質量の 150 倍を越えないだろうと考えている。だとすると、トップクォークより軽い！さらに、もしかすると LHC では、スパーティクルのほうがヒッグス粒子よりももっと発見しやすいかもしれないのだ。中でもグルイーノは、LHC で探究可能な範囲の質量を持っているなら、大量に生成されるはずだ。そして同じく重要なことに、グルイーノは華々しい連鎖的プロセスで崩壊すると多くの超対称性理論が予測しているので、もしその通りなら衝突実験データのなかから比較的容易に抽出できるはずなのだ。この連鎖的崩壊プロセスで、グルイーノは異なる種類の粒子に変化して、静止質量の一部を放出する。そうして生じた新しい粒子が、また同じようなプロセスで静止質量の一部を放出する。何段階かこのような崩壊を繰り返すと、最も軽いスパーティクルが残る。この最軽量スパーティクル（lightest sparticle）は、LSP と略記されることが多い。LSP は絶対に崩壊せず、検出されることもないと広く考えられている。これらのことがすべて正しければ、LHC の検出器で観察されるのは超対称性パートナー粒子ではなく、これらのパートナー粒子が LSP に崩壊する過程で放出した粒子であるはずだ。

　LSP についてさらにお話しする前に、LHC についての残念

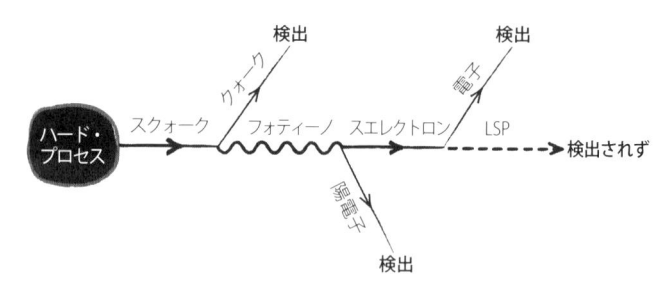

スクォークが崩壊して、数個の粒子（検出される）と1個のLSP（検出されない）となるプロセス。

な事実のひとつに触れておかねばならない。それは、スパーティクルのように見えるものをLHCが発見したとしても、それが超対称性のゆるぎない証拠といえるかどうかは微妙だということだ。それは、基本的には、陽子と陽子の衝突は複雑で混乱したぐちゃぐちゃの様相を呈するからである。夥しい数の粒子が生じる。クォークとグルーオンの既知の相互作用はきわめて強く、新しい現象を覆い隠してしまう恐れがある。しかも、新たに発見された粒子のスピンを特定するのは難しい。これらの理由から物理学者たちは、LHCを補う施設として、国際リニアコライダー（International Linear Collider）、もしくは略してILCと呼ばれる加速器の建設を呼びかけている。電子と陽電子の衝突実験を行うのが目的だ。電子－陽電子衝突では、実験環境ははるかに整然としたものになる。LHCよりもはっきりと、超対称性とその代替理論とを区別することができるだろう。しかしILCはまだ提案でしかない。超伝導超大型加速器がたどった暗い運命が、このような提案を実現するのがいかに難しいかを物語っている。

　さて、超対称性に戻ろう。もしもほんとうに存在するなら、LSPはとりわけ重要な発見となる。というのも、LSPは銀河を一体に保っているダークマターかもしれないからだ。ここ何

第7章　超対称性とLHC

　十年にもわたって、宇宙論研究者や天文学者たちは銀河の総質量を巡って頭を悩ませている。天文学者たちは、ある銀河の中に存在する恒星の数を(少なくとも大ざっぱには)数えることができる。そうやって数えた結果から、その銀河の中に普通の物質がどれくらい存在しているかを見積もることができる。普通の物質とは、主に陽子と中性子のことだ。なぜなら、質量のほとんどを持っているのはこの2種類の粒子だからである。困ったことに、どの銀河も一体に保たれているのに、その中に存在している普通の物質だけでは、そのように一体であり続けるに十分な質量を持っていることにはならないのである。そこで「ダークマター」という仮説が登場した。銀河の中には、わたしたちには見えないが、銀河をそもそも一体に保つ役割を果たしている何らかの未知の物質が存在するという仮説である。さまざまな測定に基づき、多くの、というよりむしろほとんどの宇宙論研究者が、宇宙の中には通常の物質の5、6倍のダークマターが存在すると考えている。しかし、ダークマターとはいったい何なのだろう？燃え尽きた恒星のなれの果てという説から、原子より小さな粒子という説まで、あれこれの提案がなされている。LSPがダークマターだとする説には2つ強みがある。1つには、最も現実的な超対称性理論のほとんどで、LSPはきわめて大きな質量を持ち(陽子の質量の100倍以上)、電気的に中性で、安定——他の粒子に崩壊することは絶対ないということ——だとされていること。そしてもう1つには、初期宇宙において、どのようなことが起こってLSPが妥当な量だけ生成されたであろうかが、容易に理解できるということだ——妥当な量というのは、現在普通の物質の総質量の5、6倍の総質量になっていることと辻褄が合う量という意味である。

　全体として、超対称性はすばらしい理論的枠組みだ。風変わ

163

りな数学が、そのしっかりした基盤を提供している。超対称性はまた、繰り込み理論を含め、確立された素粒子理論と見事に調和している。しかも、たくさんの新粒子を予測しており、それらがLHCで発見されることが期待されている。そして最後に、超対称性と弦理論は密接に関連しあっており、弦理論が何らかの意味で正しくない限り、世界の中で超対称性が成立していることなどありえないとわたしには思える。つまりこういうことだ。超対称性は弦双対性と少し似ている。S双対性が弦をDブレーンに対応させるのと同じように、超対称性は粒子をスパーティクルに対応させる。弦双対性と同じように、超対称性も、わたしたちをもっと知りたいという気持ちにさせる。すべての粒子とスパーティクルの根底に、何かの統一的図式が存在するのではないだろうか？超対称性そのものが、その根底に存在する図式がどのようなものであるはずなのかをほのめかしているのではないだろうか？弦理論は、これらの問いに明確な答えをもたらす。その答えの中には、超対称性が最初から組み込まれており、さらにそこではわたしたちがすでに知っている粒子も、これから発見する粒子もすべて、弦の動力学と余剰次元で説明されるような、ほぼ統一的な起源を持っているのである。

第8章

重イオンと第5の次元

　超対称性と、LHCにおける物理との関係にまつわる、ちょっと奇妙な事実がある。それは、この関係を形づくる主な要素は、20年前にはほぼ出そろっていたということだ。この20年間で、理論と実験、両方で進歩があったのは間違いない。たとえばトップクォークが見つかったのは大発見だった——もっとも、とうの昔から予測されてはいたのだが。一方、ヒッグス粒子がまだ発見されていないことは、超対称性のモデルに興味深い制約をかけている。超対称性についての理論的理解は相当深まったし、超対称性がLHCにおいてその姿をどれほど現しうるのかについても、1980年代後半に比べればはるかによく研究されている。だが、これらの研究は、どちらかといえばゆっくり、ゆっくり、少しずつの積み重ねによって進んできた。とりわけ、LHCでデータが生み出され始める日も目前となった今、この研究分野全体が息を凝らしているような感じがする。超対称性は非常に魅力的で、文字通り何十年にもわたって何の発見もなかったにもかかわらず、第一の希望という地位を失わずにきた。むしろ、これに取って代わろうとする理論のほうが、超対称性を基準に調整されて、結局超対称性理論に似てきてしまうほどである。

一方、最近では、弦理論と現実世界を結ぶ、まったく違う道筋が開かれている。この道筋における弦理論側の端は、わたしが第6章でご紹介したゲージ／弦双対性に基づいている。現実世界側の端は、次のセクションでご説明する重イオン衝突に関係している。重イオン衝突では、温度と密度が途方もなく高くなるため、陽子も中性子も解体してしまい、クォーク－グルーオン・プラズマ(quark-gluon plasma)、あるいは略してQGPと呼ばれる流体になる。この解体してばらばらになったものからなる流体については、弦理論とはまったく関係のない方法でも何通りもの説明がなされている。弦理論と現実世界を結ぶ、この道筋での取り組みの目的を適切に表現するなら、それは弦理論を、クォーク－グルーオン・プラズマを記述する量的で有用なツールのひとつにすることだ。

　これはたしかに、万物の理論を作り出して物理的宇宙の究極の構造を明かそうという取り組みに比べれば、崇高さの点で劣っている。しかし、この、弦理論と重イオン衝突の物理との間に存在していると推測される結びつきには、弦理論を万物の理論にしようという取り組みには欠けている魅力的な特徴が2つある。その1つめは、この道筋の弦理論側の端にある理論的内容は、弦の動力学と、ゲージ／弦双対性に深く根ざしているという点だ。万物の理論でありうると謳う筋書きのほとんどが提供するものよりも、これははるかに直接的に弦理論へとつながっている。なぜなら、弦理論とLHCにおける物理とを結びつけるのには、超対称性と弦理論の低エネルギー極限(最も軽い弦の状態だけが残り、それ以外はすべて消滅した状態)を仲介とするのが普通だからだ。2つめは、弦理論による計算はすでに実験データと照らし合わされており、ある程度の成功を収めているという点だ。「慎重であれ」という警告はまだ解除されていない

第8章　重イオンと第5の次元

し、弦理論が重イオン衝突実験にそもそも関係しているのか、しているとすればどのようになのかについては、かなりの批判と意見の不一致がある。それにもかかわらずこの研究テーマは、今までのところ、現代の弦理論と実験物理学の間に最も密接な結びつきをもたらしているのである。

地球で一番ホットなもの

相対論的重イオン衝突型加速器(Relativistic Heavy Ion Collider、略してRHIC)は、ニューヨーク市にほど近いロングアイランドにある粒子加速器だ。基本設計はテヴァトロンやLHCと同じである。ただ、少し貧弱だ。原子より小さい粒子を静止質量の約100倍のエネルギーまでしか加速できない。テヴァトロンなら1000倍、LHCなら7000倍まで、陽子のエネルギーを高められる。テヴァトロンとRHICの大きな違いは、RHICは金の原子核を加速するということだ。金の原子核には200個近い核子がある。(覚えておられると思うが、陽子と中性子を総称して核子と呼ぶのであった。)金が選ばれたのは、原子核が大きいことと、粒子をどのように加速しはじめるかに関連するいくつかの技術的な理由による。LHCで衝突実験が行われる際には、金より少し大きな原子核を持つ鉛が使われる予定だし、重イオン衝突の観点からは、金に何か特別なことがあるわけではまったくない。ただ単に、RHICで使われているという理由ではあるが、ここの説明でも金を使うことにしよう。

昔から素粒子物理学者たちは、何かを知ることができるなら、何でも衝突させて何にでも変化させてやる覚悟である。しかしこれまでは、電子と陽電子が使われることが非常に多かった。これにはもっともな理由がある。原子核に比べ、電子と陽電子は小さく単純なのだ。電子が点粒子以外の何物かであるという

証拠はないし、また、陽電子は電荷が正というだけで電子とそっくりだ。一方の陽子は、電子や陽電子よりはるかに複雑である。少なくとも３つのクォークを含み、そしておそらくグルーオンも何個か含んでいるはずだ。陽子（または、中性子）を構成するこれらの粒子は、まとめてパートンと呼ばれている。どれも陽子の「一部(パート)」だからだ。しかし陽子は、その内部にあるパートンを足し合わせた以上のものである。陽子内部でのクォークとグルーオンの強い相互作用は、本書では繰り込み理論との関連で議論した、大量の仮想粒子が連鎖的に生じていくプロセスと似ている。どのようなプロセスだったかおさらいしておこう。クォークはグルーオンを１個放出することができる。やりかたは電子が光子を放出するのと同じだ。グルーオンは光子と似ているが、まったく同じではない。大きく違うのは、グルーオンは分裂して他のグルーオンをたくさん生み出せるという点だ。それだけでなく、分裂してクォークを生み出したり、他のグルーオンと結びついたりもできる。この、放出、分裂、結合といったプロセスがすべて、連鎖反応で起こる。すべては陽子の内部で起こっているので、このプロセスで生じる粒子はすべて「仮想粒子」と呼ばれる。単独のクォークや単独のグルーオンそのものを実際に見ることは絶対にできない。クォークもグルーオンも、陽子か中性子、あるいは他の原子以下の粒子の一部としてしか存在しないのである。物理学者たちはこれを、「クォークとグルーオンは閉じ込められている」と表現する。陽子に閉じ込められたまま、連鎖反応的に生まれ出たり消え去ったりしているのだ。

　陽子と陽子を衝突させるとき何が起こるかを感覚的に捉えるには、たとえば、それぞれの陽子が、相手の陽子の内部で起こっているクォークとグルーオンの連鎖反応を妨害すると考える

といい。このとき、一対のクォークが激しく衝突するという可能性がひとつある。LHCに期待がかかっているのは、実はこのような出来事が起こりそうだからで、これがハード・プロセスである。しかし、生じる現象の大部分は、クォークとグルーオンとのもっとソフトな相互作用だ。「ソフトな」というのは比較の話でしかない。陽子同士が衝突すると、どちらもばらばらに破壊されてしまう。この衝突で50以上の粒子が放出されるが、その大部分が不安定だ。

　これらの衝突がどのようなものかを感覚的につかんでいただくには、2台の車が正面衝突するところを思い描くといい。悲しいことや恐ろしいことは考えなくても済むように、乗っているのはテスト用のダミーだけで、人間は誰も乗っていないことにしよう。ここで、車は衝突する陽子、ダミーはそれぞれの陽子の内部にあるクォークの喩えである。比較的幸運と言える状況では、車は2台ともめちゃめちゃに壊れても、ダミーはかすり傷しか負わない。これは、一方の陽子の中にあるクォークが、もう一方の陽子の中にいるパートンたちとソフトな相互作用しかしない場合と似ているだろう。不運な状況では、方向を間違った車の車体のどこか一部によって、ダミーはずたずたにされてしまうだろう。これはハードな衝突と似ている。陽子‐陽子衝突は、比較的ハードな何らかのプロセスの周辺で、この実験では邪魔なノイズでしかないソフトなプロセスがたくさん起こるという、複合的なものであるのが普通だ。

　誤解のないよう急いで言い添えておくが、原子より小さな粒子が時折高エネルギー衝突を起こしても、何ら危険はない。実際、高エネルギー粒子は地球に降り注ぎ、空気中を漂う核子のうちいくつかと衝突しているのだから、そのような高エネルギーの衝突は、地球大気の中でひっきりなしに起こっているので

ある。テヴァトロンで起こっていることも、これからLHCで起こるであろうことも、まさに世界が始まって以来ずっと起こっていることが、ただ制御のもとで起こされるだけなのだ。素粒子加速器では、同一の場所で夥しい数の衝突が起こるので、衝突の環境は地下に封じ込められている。地下でこの実験に携わる人々には、放射能障害の高い危険がつきまとうだろう。しかし、原子炉や核兵器に比べれば、それほど危険は高くない。

　金の原子核の衝突は、一見陽子-陽子衝突ときわめてよく似ているように思える。一つひとつの原子核は核子がかたまって大きな塊にふくれあがったものであり、それぞれのふくらみの内部ではパートンたちが連鎖反応的プロセスを行っているのだから。衝突の間、かなりの強さで衝突しあうパートンたちもあるだろうが、大部分のパートンは互いにもっと優しくそっと突っつき合うだけである。そして陽子-陽子衝突のときと同じように、金の原子核は完全に破壊されてしまう。金の原子核同士が一度衝突するだけで、文字どおり数千個の粒子が一気に放出されるのだ。

　しかし、金の原子核同士の衝突には、陽子同士の衝突よりももっと質的に破壊的なところがある。これを説明するために、先ほどの車の衝突の比喩へと、怖さに顔をしかめながらも戻らせていただきたい。起こりうる最悪の事態のひとつに、2台ともガソリンタンクに引火して爆発してしまうというものがある。自動車メーカーは、最も破裂しにくい位置にガソリンタンクを設置するなど、このような状況になるのを防ぐのに相当苦心している。金の原子核同士の衝突で起こることは、車同士が衝突した直後に両方のガスタンクが爆発するのに少し似ている。まさに、高温の核反応が火の玉状に起こり、その火の玉が爆発して飛び散るのである。この火の玉はみなさんが想像できる何も

7500 個の高エネルギー粒子

10fm≈10⁻¹⁴ m

金の原子核

クォーク−
グルーオン・
プラズマ

金の原子核

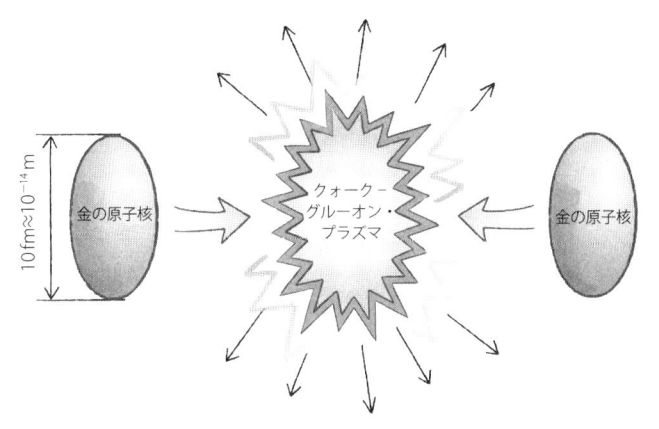

超高速で金の原子核を衝突させるとクォーク−グルーオン・プラズマが形成されるが、このプラズマは何千個もの高エネルギー粒子へと崩壊する。

のをも超えた熱さだ。車のガソリンタンクの爆発は 2000 ケルビンに達することもある。太陽の中心部は約 1600 万ケルビンだ。熱核爆弾(水素爆弾)でも、このような温度にまで到達する。これはかなり熱い！でも、これで驚いてはいけない——RHIC で到達すると考えられている温度は、太陽の中心の 20 万倍以上もの高温なのである。これは、ちょっと考えなければどのぐらいのものかわからないような高温だ。「白熱」と呼ばれる温度よりはるかに高い——白熱というのは数千から数万ケルビンなのだから。まばゆく強烈で、ビッグバンで生じたレベルの熱さだ。陽子も中性子もこの熱の中で融け、内部にあったクォークとグルーオンを解放する。そして解放されたこれらの粒子は、わたしがこの章のはじめにお話ししたクォーク−グルーオン・プラズマ、略称 QGP を形成する。

陽子−陽子衝突では、LHC の物理学者たちがヒッグス粒子と超対称性の証拠を取り出そうと徹底的に調査する予定のハード・プロセスは、同じ衝突の間に起こる夥しい数の、ここでは

邪魔なノイズでしかない、ソフトな衝突によって隠されている。だが、隠されているといってもほんの少しだけだ。2個のクォークがほんとうに強くぶつかったなら、これらのクォークたちは跳ね返ってまったく新しい方向に飛んでいき、陽子のそれ以外の部分にはほとんど邪魔されることなく、周囲を取り囲んでいる粒子検出器のほうへと向かう。一方、重イオン衝突では、話はまったく逆になる——ハード・プロセスは起こるが、たいていの場合は、結果として生じた粒子はクォーク‐グルーオン・プラズマの中に「はまり込んで」しまうようだ。この「はまり込み」がどの程度起こるのかというのは、クォーク‐グルーオン・プラズマの特徴を説明するにあたってひとつの鍵となる。その喩えとして、水に打ち込まれた弾丸というのは悪くない。ジェームズ・ボンド、あるいは彼に似た登場人物が水中で弾丸をよけているシーンを映画でご覧になったことがあるだろう。弾丸が彼の周りをヒュンヒュン飛び、その軌跡が、奇妙に照らし出された泡の筋(すじ)として長々と続いているように描かれている。実際には、弾丸は水中では1mも進まない。これを物理用語では、「弾丸の水中での平均自由行程は1m未満である」という。クォーク‐グルーオン・プラズマの際立った特徴のひとつは、ハード・プロセスを由来とする粒子の平均自由行程がきわめて短いということだ。実に陽子の大きさの2、3倍しかないのである。

　クォーク‐グルーオン・プラズマが持つ2つめの際立った特徴は、その粘性だ。QGPの密度が途方もなく高いことを考えると、その粘性の低さには驚かされる。これがどういうことかを理解していただくには、少し説明が必要だ。粘性という概念は、料理をする人には馴染み深いものだろう。蜂蜜や糖蜜は粘性が高く、水やキャノーラ油はそれほど高くない。だが、いま

重イオン衝突で起こる物理現象の中できっちり押さえておきたいのは、ほとんど完全に自由に流れており粘性が高い粒子たちと、強い相互作用を行っており粘性が低いプラズマとの間の違いなのである。逆ではないかと思われるかもしれない。自由に流れる粒子以上に粘性が低いものなどありえないではないか、と。どの粒子も他の粒子と衝突しないなら、粘性はゼロではないか、と。残念ながら、それはまったくの間違いだ。ほんとうに粘性が小さいものは、互いに重なり合ってすべりあう流れの層を何重にも形成することができる。岩の上を流れる水はこのような構造を持っている。岩に一番近い水の層はごくゆっくりと流れるが、その上の層は岩の上を素早く転がるように流れていく。これは、ある意味一番下の層のおかげで滑らかに流れさせてもらえるからだ。ここで、岩はそのままにしておいて、水を水蒸気に置き換えるとどうなるだろう？水蒸気は河床に沿って流れるよう制約を受けているとしよう。水蒸気が逃げないように、川をカバーで覆わねばならないだろう。さて、水蒸気は、大量の水分子が集まってできているが、水分子同士がぶつかり合うことはめったにない。だが、水分子は岩にはたびたびぶつかる。水とは違い、水蒸気は互いに滑りあう層を形成したりはしない。実際、一定の質量の水蒸気を岩だらけの細い川に沿って流すのは、同じ質量の水を同じ川に沿って流すよりも難しい。というのも、水は自己潤滑作用を持っているからだ。これが、水は水蒸気よりも粘性が低いという意味である。

　重イオン衝突は、岩だらけの川床に少し似た状況を作り出す。ただし、そこには岩も水の流れもない。（比喩には限界が付きものだ！）わたしが言いたいのは、重イオン衝突では、粘性が低い、水のような物質——ここで粘性が低いとは、潤滑性の高い層のなかで自由に流れることができるという意味である——と、

基本的には、互いに衝突しあうことはめったにない粒子たちの集合である、水蒸気のような物質とをはっきり区別することができるということだ。驚くべきことに、データを一番うまく説明できるのは、粘性がきわめて低い振舞いを仮定した場合である。量子色力学に基づいた、理論による暫定的な粘性の見積りはほとんどどれも、クォークとグルーオンの振舞いを、実際よりも水からは遠く水蒸気に近いものとしており、大きく的を外れていた。

　ブラックホールの地平面が持つ粘性が、重イオン衝突のデータが強く示唆する小さな粘性の値に近いことがわかったとき、重イオン物理の世界は激しく揺さぶられた。この発見は、第6章で紹介したゲージ／弦双対性の枠組みの中で成し遂げられたのだった。そしてどうも、これに続く展開は、重イオン衝突の多くの側面を非常にうまく表せる比喩が、重力系の中にあるということを示しているようだ。ここで出てくる重力系は、どれも余剰次元を1つ持っている。この余剰次元は、弦理論を万物の理論の候補者としてとらえたときの余剰次元とはかなり違うものだ。この余剰次元——この章の表題でわたしが「第5の次元」と呼んだもの——は、巻き上げられていない。この次元は、わたしたちが日常親しんでいる次元と直交しており、普通のやり方では、わたしたちはこの次元の中に入ることはできない。また、この次元が記述しているのはエネルギースケールである。エネルギースケールとは、ある物理プロセスに特徴的なエネルギーの大きさのことだ。この第5次元をわたしたちが知っており愛している次元と結びつけることによって、湾曲した5次元時空が得られる。この時空では、温度、エネルギー損失、粘性の3つが幾何学的なやり方で記号化されている。この数年間で行われた努力の多くが、5次元幾何学とクォーク-グルーオ

ン・プラズマとの間に、詳細な対応をどのように付けることができるかを読み解くのに費やされている。

このセクションを終えるにあたって、ここで見た内容を要約しておこう。LHCの物理学者たちが陽子‐陽子衝突では起こらないようにと願っていたソフトな相互作用は、重イオン衝突過程では何倍にも増えてしまう。重イオン衝突は、クォーク‐グルーオン・プラズマ(QGP)の生成につながる。QGPは、個々の粒子によってはうまく記述できない。ゲージ／弦双対性によれば、QGPの性質は、5次元の中のブラックホールを用いて説明したほうが、ある意味、より良く理解できるらしい。

第5次元のブラックホール

第6章で、ゲージ／弦双対性を簡単にご紹介した。ここで、重要な点を2、3、繰り返して述べておこう。量子色力学に似たあるゲージ理論は、D3ブレーンの束にくっついた弦がどのように相互作用するかを記述する。これらの弦の相互作用は、このゲージ理論に含まれるあるパラメータを変えることで強めたり弱めたりできる。弦の相互作用を非常に強くすると、熱状態はD3ブレーンの束を取り囲むブラックホールの地平面によって非常にうまく記述できるようになる。この地平面は、10次元の幾何学の中に存在する8次元の超平面となり、視覚化するのは難しい。そこで、次のように単純化するのがわかりやすいかと思う——つまりこの地平面を、わたしたちが住んでいる世界に平行な3次元の面だが、第5次元において、温度に関係するある距離だけわたしたちの世界から隔てられていると考えるのだ。この3次元平面の温度が高ければ高いほど、隔てる距離は小さくなる。もっとも、これは視覚化としては不完全だ。というのは、この第5次元が、わたしたちが親しんでいる普通の

4つの次元とは違うことを表現しきれていないからである。4次元の経験は、5次元の「現実(リアリティー)」の影のようなものだ。しかし、天気のいい日に見られる影とは違い、4次元の経験は背後にある5次元の「現実」と同じだけの情報を含んでいる。4次元と5次元の記述は真の意味で等価であり、この等価性はとらえにくいが厳密なものだ。この等価性は、強力なメタファーともいえる。つまり、4次元の物理について言える意味のある事柄のすべてに対して、5次元の物理の中にそれに対応するものが存在し、その逆もまた正しい──少なくとも原理上は。

　他の弦双対性も、これと同様の比喩的な意味を持っている。たとえば、覚えておられると思うが、10次元弦理論と11次元M理論との間の双対性には、D0ブレーンと円の周囲を運動する粒子との等価性が含まれているのだった。そんな中、ゲージ／弦双対性がとりわけ魅力的なのは、この双対性が、すべての人の視覚化能力を超えた次元の中で、ある抽象的な理論をもうひとつの抽象的な理論と結びつけるのではなく、クォークとグルーオンを記述するに違いないとわかっているものによく似た4次元物理を直接扱っているからだ。したがって、この双対性の5次元側にある等価物は特別な重要性を帯びる。なかでも今わたしたちがしている議論にとって最も重要なことには、重イオン衝突で生成されたクォーク‐グルーオン・プラズマは、5次元の中のブラックホール地平面と等価な関係にあるのだ。この等価性を真に成り立たせているのは、重イオン衝突によって生じ、核子をその構成要素のクォークとグルーオンに分解してしまう高温だ。もっとも、核子それ自身は、5次元の構造物に置き換えるのはかなり難しい。個々のクォークやグルーオンとなるとなおさら困難だ。しかし、強い相互作用をしている高温のクォークとグルーオンの大群の集団としての行動ならたやす

く置き換えられる。この大群は地平面になるのだ。

　ゲージ／弦双対性が理解しがたい性質をひとつ持っているというのは否めない。純粋理論的に十分堅固に確立されていることとはいえ、わたしたちが馴染み愛している次元とはまったく異なる第5の次元があるのは実に妙だ。この第5次元は、物理的な方向としてではなく、4次元の物理学の諸相を記述する概念として存在している。もっとも、結局のところわたしには、万物の理論としての弦理論が持つ6つの余剰次元も、ゲージ／弦双対性の第5次元以上に現実的なものになるとはどうも思えないのだが。

　もうひとつ皮肉なのが、このブラックホールの温度が途方もない高温であるとされていることだ——これは、銀河の中心にあるようなブラックホールの温度が極端に低かったのとまったく対照的だ。第3章で大まかな見積りをしたのを思い出していただきたい。銀河の中心にあるブラックホールの温度は、1ケルビンの100兆分の1ぐらいだった。これに対し、5次元の中にあるクォーク-グルーオン・プラズマに双対なブラックホールの温度は3兆ケルビンぐらいだという。この違いは、5次元幾何学が極端に湾曲した形をしていることからくる。

　高温のクォークとグルーオンの大群が5次元の地平面だという図式を仮に受け入れたとして、それで何かいいことがあるのだろうか？ 実は、いろいろなことができるようになるのだ。というのも、ゲージ／弦双対性は、計算にとっては思いがけない幸運な贈り物なのだ。これでうまく計算できるようになるもののひとつが、粘性である。ブラックホールの幾何学から計算すると、せん断粘性(訳注：せん断方向の粘性。この場合は、プラズマが流体として流れる方向に並行に見た粘性。プラズマの運動に対して、内部摩擦抵抗としてはたらく)はプラズマの密度に比べてたいへん

小さく、これは、広く受け入れられているデータ解釈とよく一致しているようなのだ。他にも、このプラズマの中を短い距離しか貫通できない高エネルギー粒子(これについては先にご説明した)に関連するいくつかの計算がうまくできるようになる。この現象については、「何ものもブラックホールの外へは出られない」というブラックホールの物理と類似しているのは明らかだ。とはいえこれは、「何ものも高温の媒体のなかを遠くまでは進めない」というのとまったく同じではない。どうすればこの2つを同じこととしてうまく言い換えられるだろう？

　実をいうと、わたしがこの本を書いている時点で、何がこの問いの正しい答えなのかを巡る論争が起こっている。ここでは、この論争のある一面だけをご説明し、何が議論の的なのかについて、ちょっとした示唆を差し上げる程度にとどめよう。

　この論争についてわたしがこれからご説明する一面は、「QCD弦」という概念を中核とするものだ。QCD弦はきわめて重要で、しかも広く受け入れられている概念なので、少し弦理論の歴史を遡ってこの概念がどのように生まれたかを説明しよう。はじめに、電子は仮想光子の雲を作り出すことを思い出していただきたい。これらの光子は電場によって記述することができる。いや実のところ、電荷を持つすべてのものは電場を作り出す。たとえば陽子も電場を作り出す。1個の陽子を取り巻く電場は、他の陽子たちに、この最初の陽子に応答してどのように運動すればいいかを教える。陽子同士は電気的に互いに反発しあう。電場が外を指し示していることは、この「陽子同士は反発しあう」ということを表している。一方、陽子は電子を引きつけるが、このことも同じ電場によって記述される。ただし電子は負の電荷を持っているので、この同じ電場を陽子とは逆向きにとらえる。

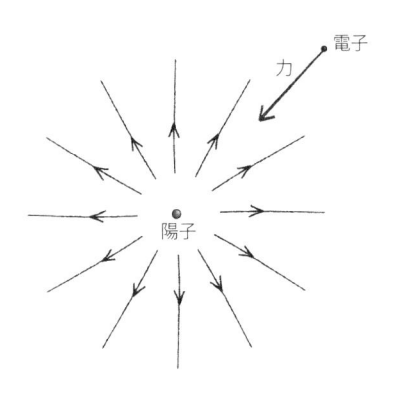

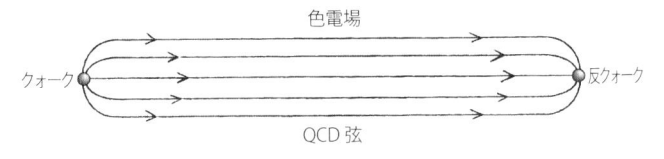

上：陽子の電場は、放射線状に外を向いている。下：クォークにはじまる
色電場は、端が反クォークで終わる QCD 弦となる。

　クォークは電子に非常によく似ているが、同時に電子とはまったく違ってもいる。まず、クォークは仮想グルーオンの雲を生み出すが、この仮想グルーオンの雲を、他のクォークたちにどちら向きに運動すればいいかを告げる「色電場」と捉えることができる。ここまでは電子とたいへん似ている。だが、仮想グルーオンは互いに強く相互作用し、この点で光子とはまったく違うのだ。この強い相互作用のために、色電場は自ら、1つのクォークからもう1つのクォークまで、細い弦のように引き伸ばされた形となる。これが QCD 弦だ。QCD 弦によってうまく記述できるとされているのが、中間子と呼ばれる粒子である。中間子は、1本の QCD 弦によって結びつけられている2つのクォークだと解釈される。中間子の性質を調べることによって、QCD 弦の動力学の一部を推測することができるし、さ

らにそこから見えてくる QCD 弦は、弦理論の弦といくつかの点できわめてよく似ている。実のところ、中間子の性質を調べる研究は QCD や弦理論よりも古いのだ。こうした研究こそ、弦によって素粒子物理学のいくつかの側面が記述できるかもしれないという憶測に、最初の素材を提供したのだった。そして、ゲージ／弦双対性やその QCD との結びつきは、こうした憶測が現代に蘇ったものという側面ももっている。現代の弦理論と QCD との大きな違いは、弦は基本的な物体とされるのに対して、QCD 弦は多数の仮想グルーオンの集合的効果であるという点だ。だが、ここで弦双対性での教訓を思い出さなければならない。「ある理論的構築物が根本的なもので、別の理論的構築物はその派生物にすぎないという解釈をあまりに固守してはいけない」というのがその教訓だ。状況が変化すれば、現実(リアリティー)を記述する最も便利な言葉も変化するに違いない。

　さて、ここで、あるハード・プロセスで生み出され、水中を苦労して進む弾丸のように、クォーク‐グルーオン・プラズマのなかを苦労して進んでいる 1 個のクォークを思い描いていただきたい。QCD 弦の背後にある、「クォークは自分の周囲に仮想グルーオンの雲を生成し、それらの仮想グルーオン同士が相互作用を行い、そして、QCD 弦を形成する集合的傾向が生まれる」という考え方は、ここでもまだある程度成り立つはずだ。だが、何か他のことも起こっている。つまり、高温の集団の中にあるすべてのクォークやグルーオンは、最初にあったクォークが作り出した仮想グルーオンのすべてとのみならず、その最初のクォークとも相互作用しているのだ。この高温の集団は QCD 弦が完全に形成されるのを妨げる。これらを総合すると、オタマジャクシに似た描像が得られる。つまり、最初のクォークが頭で、それが QCD 弦を形成しようと努力している部分が

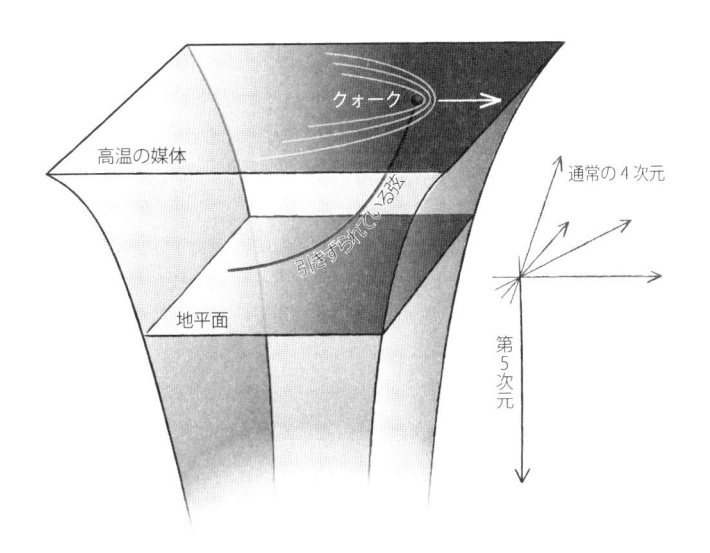

クォーク‐グルーオン・プラズマのような高温の媒体の中を運動するクォークが引きずる弦は、第5次元の中まで届き、やがてブラックホールの地平面を通過する。クォークが運動すると、弦は尾のように後ろになびき、クォークを引っ張る力を生み出す。

尾にあたるのだ。オタマジャクシの尾が水の中でゆらゆら、くねくねしながら移動していくさまは、高温集団が仮想グルーオンと相互作用するさまに似ている。この描像は、QCDそのものの中では(わたしが知るかぎりでは)まだ正確にも定量的にもなっていない。しかし、ゲージ／弦双対性の中に、これとよく似たものが存在している。そこでは、1個のクォークからブラックホールの地平面へと、1本の弦が垂れ下がっている。クォークが移動すると、この弦もそちらへ引っ張られる。だが、ブラックホール地平面の中まで垂れ下がっているほうの端は、そこで捕まってしまっている。こちらの端をブラックホールから開放することができないので、弦はクォークを引っ張り返す。クォークは、やがてはあきらめて運動を停止するか、あるいは自分もブラックホールに落ちてしまうかのいずれかである。いず

れにせよ、クォークはあまり遠くへは行けない。

　今ご説明した図式は、重いクォークにはひじょうに良くあてはまると思われる。重いクォークとしては、陽子の約50％大きな質量を持つチャームクォークと、陽子の4倍もの質量を持つボトムクォークがある。これらのクォークは、普通の物質の中にはほとんどまったくというほど存在しないが、重イオン衝突で生成される。一方、普通の物質の中にある「普通のクォーク」は、同じ質量を持つ反クォークとともに、重イオン衝突の過程で重いクォークよりもはるかに大量に生成される。これら普通のクォークにも、「弦を尾のように引きずるクォーク」という描像を拡張しようという試みもあるが、まだあくまで、試みの範囲を出ていない。

　要するに、ゲージ／弦双対性は、クォーク‐グルーオン・プラズマのような高温の媒体の中で、重いクォークがどれだけの距離進めるかという推定を可能にするのである。このような推定ができたのだから、それがデータと一致するかどうかを確かめるのが次の仕事だ。

　2つの理由により、この仕事には用心が必要だ。1つめは、実験家たちは、クォーク‐グルーオン・プラズマに顕微鏡の焦点をあわせて、重いクォークが1個、ゴロゴロと進んだあと止まるところを観察することはできないということだ。それどころか、彼らが調べたい小さなプラズマの球は、その中にある重いクォークもろとも、光が金の原子核を横切るのにかかる時間と同じくらいの時間で、爆発して完全にばらばらになってしまう。これは、約 4×10^{-23} 秒、つまり、1秒の1兆分の1の、さらに1兆分の1の40倍秒という、とんでもなく短い時間だ。実験家たちに見ることのできるのは、ここから出てくる何千個もの粒子だけである。彼らはこの残骸を調べることによって、

チャームクォークが媒体とどのような相互作用をしたかを推論することができる——これはじつに見事だ。だが実験家たちは、このような推論をうのみにしてはならないと警告するに違いないとわたしは思う。彼らは自分たちの測定に99.99％の自信を持っているかもしれないが、平均的なチャームクォークがプラズマの中でどれだけ進めるかについては、はるかに心もとないだろう。

　ゲージ／弦双対性の予測とデータを比較するのに用心が必要な2つめの理由は、弦理論の計算はQCDに似たある理論に適用されるのであって、QCDそのものには適用されないということだ。理論家は、自分の予測を決定的なものとして実験家に提供する前に、QCDもどきの理論とQCDそのものの間で一種の翻訳をしなければならない。言い換えれば、ちょっとしたごまかしがあるのだ。この翻訳をなるたけ正直に進めようという最善の試みから得られているチャームクォークの平均自由行程は、データと近似的に一致するか、データより2桁ほど小さいくらいの範囲に入っている。粘性についても同様の比較ができ、その結果、ゲージ／弦双対性はデータと近似的に一致するか、データから2桁外れるくらいの範囲に入っている。

　このような話を聞いて、シャンペンを開けてお祝いするようなこととはとても思えないのは確かだ。それでも、現在の、弦理論と実験が2桁の範囲内で一致しているというこの状況は、高エネルギー物理学にとっては、今までまったく経験のなかった新しい状況なのだ。15年前、弦理論研究者はみな、余剰次元についてこつこつと研究していたし、一方の重イオン衝突実験に携わる実験家たちはみな、巨大な検出器を作り上げるのに懸命だった。わたしが今ご説明したような計算を思い描くことなど誰にもできなかった。今では、わたしたちはお互いの論文

を研究しあい、同じ会議に出席し、2桁のずれを憂慮し、次はどうすべきかをはっきりさせるために努力している。これは進歩だ。

　先ほど、高エネルギーのクォークの動きが停止することを、弦とブラックホールが登場するプロセスに置き換えることについて、激しい論争があると言った。この論争は、2桁や3桁のずれをめぐるものではなく、高エネルギーのクォークをどのようなものとして思い描くべきかという物理的な描像を巡るものである。わたしがご紹介した描像は、クォークが尾のように引きずっている1本の弦が、第5次元にまで伸び、そこでブラックホールの地平面に達しているというものだった。これに対抗する描像はもっと抽象的だが、本質的にはU字型の弦で、そのUの底が地平面にちょうど接しているという形状だ。もっとましな用語が思い当たらないので、この2つの描像をそれぞれ「引きずり弦」と「U字型弦」と呼ぶことにする。後者の強みは、それが普通のクォークも記述すると主張されていることだ。普通のクォークのほうがはるかに大量に存在してそれだけ研究しやすいのだから、これは確かにいいことだ。U字型弦から導き出されるクォークのエネルギー損失についての予測は、またもや、ほぼ正しいか2桁のずれの範囲内にある。問題は、U字型弦と引きずり弦、それぞれに対する補正因子(ファッジ・ファクター)が、違う方法で選ばれがちだということだ。おまけに、それぞれの描像の支持者たちが、具体的な点を挙げて相手方を批判している。この論争は簡単に収まるようなものではない。疑問点は抽象的だし、それぞれが使っている仮説は微妙に違うし、どっちにしても実験とは近似的にしか一致しないだろうと考えられているからだ。それでもわたしは、この、少なくとも近似的にはデータと比較できる2種類の計算のどちらが優れているかをめ

ぐって弦理論研究者たちが議論しているという状況は、弦理論が新たに到達した健全さだと考えている。

　では、この先はどうなるのだろう？重イオン衝突については、「多ければ多いほどいい」というのがこの問いに対する答えだとわたしは思っている。弦理論研究者が実施できる計算が多ければ多いほど、彼らは「置き換え」という難問に対してそれだけ多くの手がかりをつかむことができるはずだからだ。目的は、5次元構造と実験で測定可能な量との間に、そこそこの整合性と一貫性を持った対応関係を確立することだ。この計画は、どこかで障害にぶつかるかもしれない——つまり、弦理論の構造と現実世界の QCD との間には、克服できない違いが存在するのかもしれないわけだ。今のところそんなことにはなっていない。しかし、弦理論による計算が、技法的な困難に十分対処できないがために廃れてしまう可能性もある。じっさい弦理論は、一定の歩調で進歩するのではなく、停滞したり躍進したりしながら進んでいるようだ。一挙に前進したあと停滞期に入り、また前進している。

　LHC で行われる実験では、RHIC が到達できるよりも相当高いエネルギーで鉛の原子核同士を衝突させる。（重イオン衝突実験の目的からすれば、鉛と金はほとんど同じだったことを思い出していただきたい。）これらの衝突で得られたデータは、理論的なアプローチ——弦理論に関係のあるものもないものも——に大きな刺激を新たに与えるに違いない。たくさんの進展が期待できるが、そのひとつに、LHC での重イオン衝突では、RHIC におけるよりもはるかに大量の重いクォークが生成されるだろうというものがある。しかも、LHC の検出器は RHIC のものよりはるかに高性能だ。したがって、高速で運動するクォークのエネルギー損失について、従来よりはるかに明確な描像が

LHCから出現するかもしれないと期待しても悪くないだろう。

だが公平のために、LHCは、「どんな新しい粒子が発見されるのだろう？」、「どんな新しい対称性が発見されるのだろう？」という、大きな不安と期待がないまぜになった緊張感に包まれていると申し上げておくべきだろう。陽子同士の衝突は、重イオン衝突に比べて、陽子1個あたりのエネルギーがより高く、環境のノイズがより少ないという2つの理由から、このような発見をするにははるかに良いお膳立てなのだ。当然のことだが、LHCでどのような発見がなされるかを予測するのは、理論家たちにとっては趣味を越えた真剣な仕事だ。みなさんがこの本を読んでおられるころには、今わたしが知っているよりも多くのことがみなさんの共通認識となっているかもしれない。しかし、わたしはあえてこのような推測をしたい。「幸運でない限り、いくつもの発見が、空を走る稲妻のように華々しく出現することはないだろう」というのがその推測だ。どの実験も難しく、使われる理論は抽象的なものばかりなので、両者を対応づける仕事には、わたしが本章でご紹介したものよりも手ごわい困難や論争が伴うかもしれない。2、3の発見がすぐになされたとしても、すべてを整合性ある1つの図式にあてはめる作業は、おそらく時間のかかる混乱したプロセスとなるだろう。しかしいずれにせよ、弦理論が今日までに挙げた成果と、弦理論で使われている豊かな数学的構造と、そして、弦理論が、量子力学からゲージ理論や重力理論に至るまで、広範囲にわたる他の多数の理論を紡ぎ合わせているさまから考えて、わたしは弦理論が「最後の答え」の重要な一部になるだろうと期待している。

エピローグ

　弦理論について一通りざっと学び終えた今、わたしたちがじっくり考えてみるべきことはたくさんある。まず、弦理論が時空に要求しているらしい、10次元でなければならないとか対称性を持たねばならないなどの奇妙な制約について、じっくり考えてみなければならないだろう。弦理論がその存在を要求する、D0ブレーンから世界の端にあるブレーンに至るまでのあらゆる奇妙なものについても、じっくり考えるべきだろう。今のところかすかなものでしかないが徐々に強まっている、弦理論と実験物理学との結びつきについてもやはり、じっくり考えてみるべきだろう。さらに、弦理論をめぐる、「弦理論に価値はあるのか？」、「過剰宣伝ではないのか？」、「不当に中傷されているのではないか？」などの論争も熟考せねばならない。

　これらのテーマはどれも魅力的だが、本書を締めくくるのに最もふさわしいテーマは、弦理論の中核をなす数学だろうとわたしは思う。わたしと同じ世代の読者のみなさんは、小柄な白髪の女性が「ビーフはどこ？」と声を上げて要求する、ウェンディーズというハンバーガーショップのコマーシャルを覚えておられるかもしれない。弦理論では、ビーフは方程式の中にある。弦理論の方程式のほとんどには微積分が含まれており、したがって一般読者向けの解説では扱われない。そこでわたしは、第5章から8章で扱った話題がだいたいおさえられるような重

要な方程式を数個選び、言葉で説明してきた。

　弦理論の最も基本的な方程式は、弦がどのように運動したがるかを記述した式だ。この式によれば、弦は、自らが動いた軌跡が作る面の面積が最小になるように時空の中を運動しようとする。この運動を説明するのに、量子力学は必要ない。そしてもうひとつ、弦の運動にどのように量子力学を組み込むかを説明する方程式——実際には、一組の方程式——がある。これらの方程式によれば、弦にはあらゆる運動が可能だが、先ほどの面積を最小にする運動とほんの少ししか違わない運動だけが互いに強めあう。ここで言う「強めあう」とは、ローマのファスケスのイメージで説明される。ローマのファスケスは、たくさんの棒が同じ向きにそろえられて束になったものだ。このような束はきわめて丈夫で、1本1本の棒に比べれば桁違いに強い。1本の弦が取りうるそれぞれの運動は、1本の棒になぞらえられる。ほとんどのものが、無秩序に散らばっている。しかし、面積が最小になる運動に近い運動は、弦を量子力学的に記述する方程式の中で、束になって支配的な項になれるようなかたちで「整列」させられているのである。

　Dブレーンを記述する方程式は、弦を記述する方程式を変形したものである。Dブレーンの方程式の最も目立つ特徴は、たくさんのDブレーンが(やはりローマのファスケスのように)密に重ねられたとき、Dブレーンは時空の次元の数よりも多くのやり方で運動することができるということだ。Dブレーン同士が相当に離れているときは、10次元時空がDブレーン同士の相対的な位置を記述する。しかし、Dブレーン同士が十分接近しているときは、Dブレーンの運動を記述するにはゲージ理論が必要となる。ゲージ理論の方程式によれば、105ページに図示したような一対のブレーンの間に張られている弦は、

「赤い」ブレーンから「青い」ブレーンへ運動するとか、「緑」から「赤」へと運動するとか、確実に言うことはできない。このような可能な運動はすべて重ねあわされて、色彩豊かなひとつの方程式で表現される。ショパンの幻想即興曲で、さまざまなメロディーと和音がアイデンティティーを失うことなく結びつけられているのと同じように。

弦双対性の方程式は、それが著しく断片的だという特徴をもつ。このうち超重力のレベルで登場する方程式は驚くほど単純で、何かの対称性の関係を表しているのが普通だ。また、弦とブレーンを記述する方程式は、量子力学の式にもかかわらず、やはりきわめて単純である——中でも最も普通な方程式は、ブレーンの電荷(もしくは電荷に類似したもの)は、適切な単位では整数値を取らねばならないと述べている。弦双対性には他にも夥しい数の方程式があり、その多くは、わたしたちが議論してきたような直観的な関係をどのように定量的にあらわせるか、注意深く描いていくことによって構築される。その一例が、D0ブレーンの塊の量子揺らぎがその塊の質量にどれだけ影響を及ぼすかの計算だ。「影響はまったく及ぼさない」というのが答えだが、これは、方程式によって決定的に示されるはるか以前から、M理論との双対性に基づいて予測されていたことなのである。

超対称性の方程式は、$a \times a = 0$などの関係から始まる。この式にはいくつかの意味がある。まず、「1つのフェルミオニック次元には、運動しているかいないかの2つの運動状態しかない」ということを意味している。また、2つのフェルミオンは同じ状態を占有することはできない(排他原理)ということも意味するが、この点についてはヘリウム原子の中にある電子を例に本書でも議論した。超対称性には、$a \times a = 0$のような単純な

関係から、現代数学の形成を助けた真に深遠な方程式までが登場する。

　ブラックホールやゲージ／弦双対性を記述する方程式は、そのほとんどが２つの種類に分けられる。１種類めは、微分方程式だ。微分方程式は、時空の中にある弦や粒子、あるいは時空そのものの、その瞬間瞬間の振舞いを記述する。２種類めの方程式は、これよりずっと大局的な趣がある。時空の広大な範囲全体で起こっていることを一まとめに記述するのだ。これら２種類の方程式は、密接に関係していることが多い。たとえば、ある微分方程式は、基本的には、「わたしは今落下しています！」と言っている１個の粒子を表している。そして一方では大局的な方程式が、基本的には、ひとつのブラックホール地平面を記述して「この線を越えて落ちたなら、絶対に外へ戻ることはできませんよ」と言っているのである。

　弦理論にとって数学が大事なのは確かだが、弦理論は方程式がたくさん集まったものに過ぎないと考えるのは間違っているだろう。方程式は、油絵の筆跡(ふであと)のようなものだ。筆跡がなかったら油絵は存在しないだろうが、１枚の油絵はたくさんの筆跡が集まったものを越えた存在だ。弦理論が未完成の絵であることは間違いない。そして、最大の問いはこうだ──カンヴァスの白い部分がすべて埋め尽くされたとき、できあがった油絵はほんとうに世界を表しているのだろうか？

訳者あとがき

　弦理論(「ひも理論」とも呼ばれる)は、すべての素粒子と、その間に作用するすべての力を説明する、「万物の理論」かもしれないと言われている理論だ。しかし、そのように言われ始めてかれこれ4半世紀が経つが、まだ実験によって確認されてはいないし、それどころか理論そのものにもたくさんのバージョンがあって、かつての量子力学発展史のように、ある程度でも収束していきそうな気配もあまり感じられない。「万物の理論」の候補と言われるものなら、何とか大ざっぱにでも理解、いや、せめてイメージだけでも持ちたいと思って弦理論の解説書をひも解くと、基盤となる相対性理論と量子力学をマスターした上で、弦理論独自の、「雑多な」と呼びたくなるようなさまざまな概念を理解しなければならないことがわかって、圧倒されてしまう。それだけに、意欲に燃える科学者たちには挑みがいのある分野なのだが、現代に生きる市民として最先端の科学を知っておきたいという人々が、ごく気軽に読めるような解説書は、これまであまりなかったように思われる。人気の解説書には、ブライアン・グリーンの『エレガントな宇宙』(林一・林大共訳、草思社、2001)など多数あるが、分厚くて、少し固い印象のあるものが多いように思う。

　本書、スティーブン・ガブサーの『聞かせて、弦理論——時空・ブレーン・世界の端』は、なかなかとっつきにくい弦理論を親しみやすく解説する。英語の原題は『The Little Book of

String Theory』、弦理論の小さな本という意味だが、実際、かなりコンパクトにまとめられている。かといって、表面的な解説書では決してない。読んでみるとその内容は実に網羅的で、物理の基礎概念から始まって、弦理論を支える相対性理論や量子力学について説明し、そして弦理論独特の、摩訶不思議な概念を紹介している。そしてその解説は何と、日常生活で普通に経験するものに喩えることで、イメージ豊かに展開するのである。相対性理論や量子力学からして、日常の感覚とは相容れないような不可思議なことがたくさん出てくるのだが、そんな概念にもガブサーは、オリンピックのアスリートやら、ショパンの幻想即興曲やら、思いがけないところから具体的なイメージを持ち出して、ユニークな解説を与えている。弦理論のきわめて抽象的な概念、たとえば世界面を説明するにも、サーキットを走るレーシングカーの喩えが使われ、双対性の説明には何と、ダンスする往年のアメリカの俳優のイメージが使われている。イラストもなかなか楽しめる。ブラックホールに落ちたらどうなるかという話では、小川が流れ出ている湖に暮らす魚の比喩が使われるが、そこに登場するイラストがなかなか愛らしい。普段、ポピュラー・サイエンスの本は読まないという人でも、著者の話の流れに沿って進んでいただければ、弦理論についてかなりのイメージと、親近感を持っていただけると思う。

　著者のスティーブン・ガブサーは、プリンストン大学の教授である。プリンストンのガブサーのホームページを開くと、彼が兄弟とワイオミング州のグランドティトン山に登ったときの写真がある。雪を頂いた山が実に美しいし、写真のガブサー兄弟が、クライミングを精神と身体の両方で存分に楽しんでいる感じが伝わってくるようだ。本書の、重力の説明やヒッグス粒子の説明に、登山やロッククライミングのイメージが出てくる

のは、ほんとうに著者の実体験に基づいてのことなのだと納得させられる。ショパンの幻想即興曲にしても、実際に自分でも演奏するそうなので、なかなか多趣味な理論物理学者のようだ。

　さて、弦理論は、素粒子を点のような粒子ではなく、弦、もしくはひもとして考える理論である。その弦の長さは、原子核よりも20桁ほど小さく、どんな顕微鏡でも観察できない。この弦がさまざまに異なった振動をすると、わたしたちにはそれが異なる素粒子として見える、という。弦という概念を使って、特殊相対性理論と量子力学を統合したのが弦理論と言うこともできるが、じっさい物質の究極の姿が微小な弦だと仮定すると、いろいろなことがうまくいくのである。たとえば、量子電気力学や量子色力学で問題となっていた無限大が出てこなくなる。また、おのずと重力が導き出され、だからこそ、弦理論は「万物の理論」の候補と言われているのである。しかし、いいことばかりではない。弦理論では、弦が10次元以上の超高次元で振動していないと、矛盾が出てきてしまうのだ。なんと途方もない話だろう。こうなると、日常わたしたちが経験している世界とは何の関係もない、抽象的な理論の世界、悪く言えば机上の空論か、と思えてしまう。しかし、弦理論やそこから展開して生まれてきたさまざまな仮説は、わたしたちの物理的世界がどうなっているのかという、その姿や仕組みについて、興味深い可能性を示唆してくれるのである。たとえば1990年代末に登場した「ブレーンワールド」という仮説では、わたしたちの宇宙は高次元時空に浮かぶ「ブレーン」と呼ばれる膜かもしれないと提案されており、ここからビッグバンをはじめとする、宇宙論のさまざまな概念が大きく修正される可能性も出てきている。ビッグバンを基礎とする宇宙進化の理論で、かなりのことがはっきりしたのではないかと思ったのも束の間、「ちょっ

と待った、もしかしたら、こうかもしれない」という提案がされているわけだ。まことに科学というものは、決してどこかある時点で完全な真理が見つかって、そこで終息してしまうということはないようだ。だからこそ、責任ある市民として、今最先端の科学はどこにあるのか、どこに行こうとしているのか、概要をつかんでおきたいものだ。とりわけ、2008年にジュネーブ郊外で稼働が始まったCERNの大型ハドロン衝突型加速器(LHC)など、大型加速器での超高エネルギー状態での実験で、弦理論を検証できるようなデータが得られるかもしれないという期待が高まっている。どんなデータが出てくるのか、早く知りたいとわくわくする。しかしその一方で、これらの施設の建造や維持、稼働にかかる費用の問題など、市民が心に留めておくべき問題もある。そういった意味でも、本書が提供してくれるようなアウトラインやイメージを、弦理論に対して持っておくことは大切だろう。

　弦理論の、ごくごく大まかなアウトラインは、『ニュートン2010年7月号、2010年特別企画：時空』のPart 4「高次元時空」に、じつにわかりやすくまとめられている。ほんの数ページという分量の中に、美しいカラーのイラストが散りばめられ、そのキャプションのように文章が書かれているのだ。ぜひ目を通されることをお薦めする。ほかに、日本語で書かれた読みやすい解説書としては、『ゼロから学ぶ超ひも理論』(竹内薫著、講談社、2007)、『はじめての〈超ひも理論〉』(川合光著、講談社現代新書、2005)、Dブレーンについては、『Dブレーン：超弦理論の高次元物体が描く世界像』(橋本幸士著、東京大学出版会、2006)などがある。竹内氏の本も、シュレ猫(「シュレーディンガーの猫」を元にした猫キャラクター)が登場するなど面白く飽きない流れのなかで、自然に弦理論の概念が理解できるよう工夫されて

いる。

　本書の翻訳に際しては、カリフォルニア工科大学の大栗博司教授に、多数の疑問箇所をご解説いただいた。ご多忙にもかかわらず、快く助言を下さった大栗教授に心から感謝申し上げます。また、ユニークな弦理論の解説書である本書を翻訳する機会をご提供くださった岩波書店自然科学書編集部の吉田宇一氏と、校正でひとかたならぬお世話になった同編集部の辻村希望氏に、御礼申し上げます。

　2010 年 10 月

　　　　　　　　　　　　　　　　　　　　吉田三知世

索　引

英数字

Dブレーン　57, 66, 81, 86, 90, 96, 102, 188
ILC（国際リニアコライダー）　162
LHC（大型ハドロン衝突型加速器）　6, 138, 157, 165, 167, 169, 185
LSP（最軽量スパーティクル）　161
M理論　85, 98, 110, 127, 128
QCD（量子色力学）　131, 149, 175, 181, 183
QCD弦　178
QED（量子電気力学）　130
QGP（クォーク‐グルーオン・プラズマ）　6, 166, 171
RHIC（相対論的重イオン衝突加速器）　167, 171, 185
S双対性　117, 118, 120, 128
T双対性　123, 128
11次元超重力理論　85, 98
ⅡA型弦理論　122, 127, 128
ⅡB型弦理論　117, 122, 128

ア行

位相　23
一般相対性理論　2, 8, 21, 50, 62, 79, 85, 150
宇宙定数　153
運動エネルギー　17, 28, 32, 52, 102, 107
運動量　25, 54, 61, 126
エネルギー準位　28

カ行

核子　15, 20, 167, 169, 176
核力　2, 5, 111
仮想粒子　62, 130, 168
クォーク　6, 115, 131, 142, 150, 155, 168, 179
繰り込み　62, 130, 158
繰り込み可能性　60
グルーオン　6, 115, 131, 144, 150, 155, 168
ゲージ　93
ゲージ／弦双対性　129, 134, 166, 174, 175, 181, 190
ゲージ対称性　93, 129, 149
ゲージ理論　129, 149, 175, 188
ケルビン　55
高温超伝導　154
光子　31, 32, 34, 38, 49, 60, 72, 92, 104, 111, 115, 129, 143, 144, 155, 159, 168, 178
光電効果　34
コンパクト化　82

サ行

時空の端にあるブレーン　111
ヒッグス粒子　144
重力子　49, 60, 72, 104, 115, 130, 143, 144, 155
重力波　49, 50
重力放射　49, 50

振動エネルギー　67, 134
振動数　23, 28, 65, 144
スパーティクル　160
スピン　3, 92, 143, 159
静止エネルギー　18, 32, 38, 52, 102
静止質量　18, 53, 67, 106, 156, 162, 167
世界面　76, 83, 149
絶対零度　54
ゼロ点エネルギー　67
双対性　4, 116, 176, 189
ソリトン的5ブレーン　112, 118, 122

タ 行

タキオン　69, 72, 99, 139
タキオン凝縮　140
ダークマター　162
地平面　43, 102, 134, 174, 181, 184, 190
超弦　3, 73, 83, 98, 100, 113, 117
超弦理論　3, 72, 83, 87, 97, 100, 112, 115, 117
超重力　83, 109, 137, 189
潮汐力　47
超対称性　3, 73, 104, 141, 165, 171, 189
強い相互作用　98, 120, 168, 173, 179
テヴァトロン　141, 156, 167
電子　2, 27, 55, 62, 65, 92, 115, 130, 150, 155, 159, 162, 167, 178
特異点　44, 80
特殊相対性理論　18, 21, 46, 50

ナ 行

ニュートリノ　115, 142, 150, 155

ハ 行

排他原理　144
波動関数　23
パートン　168
非可換数　142
ヒッグシーノ　144, 159
ヒッグス粒子　6, 139, 143, 144, 157, 161
標準模型　140
フェルミオニック次元　143, 146, 189
フェルミオン　142, 144, 147, 150
不確定性原理　24, 54, 71, 126
ブラックホール　43, 102, 134, 174, 190
ブレーン　4, 83, 117, 149, 151, 188, 189
ボソニック次元　143, 147
ボソン　144, 147

ヤ 行

余剰次元　4, 82, 95, 125, 142, 149, 151, 174
弱い相互作用　120

ラ 行

量子ゼロ点エネルギー　55
量子揺らぎ　55, 67, 79, 99, 104, 140
量子力学　7, 8, 22, 53, 60, 65, 79, 85, 110, 126, 188

スティーブン・S・ガブサー（Steven S. Gubser）
1972年オクラホマ州生まれ。主にコロラド州アスペンで育つ。1994年、プリンストン大学にて物理学学士号を取得、卒業生総代となる。1998年、プリンストン大学にて物理学博士号取得。現在、プリンストン大学物理学科教授。2001年、ヨーロッパ物理学会のグリボフ・メダルを獲得。2008年、ニューヨーク科学アカデミーのブラヴァトニク賞を受賞。

吉田三知世
京都大学理学部物理系卒業。英日・日英の翻訳業に従事。訳書に『物質のすべては光』、『量子の海、ディラックの深淵』、『E＝mc²』(共訳)(以上早川書房)、『世界でもっとも美しい10の物理方程式』、『もうひとつの「世界でもっとも美しい10の科学実験」』、『グラハム・ベル空白の12日間の謎』(以上日経BP社)、『叡知の海・宇宙』(日本教文社)などがある。

聞かせて、弦理論──時空・ブレーン・世界の端
スティーブン・S・ガブサー

2010年11月16日　第1刷発行

訳　者　吉田三知世（よしだみちよ）

発行者　山口昭男

発行所　株式会社　岩波書店
〒101-8002 東京都千代田区一ツ橋2-5-5
電話案内 03-5210-4000
http://www.iwanami.co.jp/

印刷・精興社　製本・松岳社

ISBN 978-4-00-005246-7　Printed in Japan

| 南部陽一郎 素粒子論の発展 | 南部陽一郎
江沢 洋編 | A5判 514頁
定価 4725円 |

〈岩波講座 物理の世界〉
素粒子の超弦理論　　　　　江口 徹　　四六判 98頁
　　　　　　　　　　　　　今村洋介　　定価 1365円

シルヴィアの量子力学　　　S.A.カメホ　　四六判 244頁
　　　　　　　　　　　　　小谷正博訳　　定価 2940円

新装版 物理の散歩道　　　　ロゲルギスト　　B6判 254頁
　　　　　　　　　　　　　　　　　　　　定価 1890円

〈岩波科学ライブラリー〉
現代の物質観と　　　　　　益川敏英　　B6判 124頁
　アインシュタインの夢　　　　　　　　定価 1260円

〈岩波現代文庫〉
光と物質のふしぎな理論　　R.P.ファインマン　　A6判 232頁
　――私の量子電磁力学　　釜江常好訳　　定価 1050円
　　　　　　　　　　　　　大貫昌子

――――――― 岩波書店刊 ―――――――
定価は消費税5%込です
2010年11月